非接触式热舒适检测原理与应用

Contactless Sensing Method for Thermal Comfort：
Mechanism and Application

杨　斌　成孝刚　王发明　胡松涛　著

中国建筑工业出版社

图书在版编目（CIP）数据

非接触式热舒适检测原理与应用 ＝ Contactless
Sensing Method for Thermal Comfort：Mechanism and
Application / 杨斌等著. — 北京：中国建筑工业出版
社，2022.8
　　ISBN 978-7-112-27570-0

　　Ⅰ. ①非… Ⅱ. ①杨… Ⅲ. ①建筑热工-检测 Ⅳ.
①TU111.3

中国版本图书馆 CIP 数据核字（2022）第 111420 号

责任编辑：张　健　聂　伟
责任校对：党　蕾

非接触式热舒适检测原理与应用
Contactless Sensing Method for Thermal Comfort：
Mechanism and Application
杨　斌　成孝刚　王发明　胡松涛　著

*

中国建筑工业出版社出版、发行（北京海淀三里河路 9 号）
各地新华书店、建筑书店经销
北京鸿文瀚海文化传媒有限公司制版
建工社（河北）印刷有限公司印刷

*

开本：787 毫米×1092 毫米　1/16　印张：7　字数：168 千字
2025 年 6 月第一版　　2025 年 6 月第一次印刷
定价：**42.00** 元
ISBN 978-7-112-27570-0
（39749）

序言一

健康、智能和低碳是当前国际建筑业发展的潮流。随着经济发展和科技进步，人们对环境品质的要求日益提高，如何在不接触（非侵入式）的前提下实时高效地掌握和反馈使用者热舒适性，改善健康并实现节能减排，成为新的需求和热点。由于传统方法已难以满足要求，现代化热舒适检测技术就应运而生。

杨斌教授在欧美留学、工作15年，潜心从事室内建筑环境健康与节能减排原理和新技术的研究。他基于多年研究成果，编著的《非接触式热舒适检测原理与应用》一书，以热舒适检测方法（如非接触式热舒适检测的基本理论、检测方法、技术流程和研究应用）为中心，以计算机视觉技术的应用（包括视频图像处理、人员姿态行为识别等）为切入点，结合室内人员定位技术，详细阐述了非接触式热舒适检测的概念和方法，其目的是让建筑物变得"耳聪目明"，让能源物尽其用，让建筑更智能地服务使用者，提升建筑用户的获得感和幸福感，非常符合当前双碳目标下倡导用更低的能耗和碳排放，更高品质地为建筑环境提供服务的新导向。

此书由概论、半接触式与非接触式检测方法、微变放大与深度学习、基于皮肤纹理的热舒适检测、基于姿态估计的热舒适检测、应用六部分组成，各部分的内容完整且相对独立，同时也强调学科交叉，有利于热舒适研究领域从业人员对非接触式热舒适检测的理解和应用。令我印象特别深刻的是，书中详细介绍了可穿戴式设备的检测方法、基于红外传感的非接触式检测方法、基于普通摄像头的非接触式检测方法、动物非接触式检测方法。这些方法和技术对于构建和完善建筑环境领域的大数据，提升数据的质量和规模效应非常必要。此外，书中还对微变放大基本原理与多种放大技术和算法进行了系统性介绍和梳理。在此基础上，结合实际研究案例，详细介绍了基于皮肤纹理的热舒适检测和基于姿态估计的热舒适检测相关应用的创新技术与方法。特别好的是，书中还紧跟信息技术的新潮流，非常及时地把目前人工智能和图像处理领域的计算机视觉技术应用于非接触式热舒适检测，对主要研究成果和未来发展前景进行了系统总结，对于我国暖通空调从业者快速了解人工智能技术及其应用非常有帮助。

我诚挚并积极地向绿色建筑、健康建筑和智能建筑从业者、科研人员和相关专业高校学生推荐此书。同时也真挚地希望各位读者开卷有益，通过阅读和学习本书知识，来更好地为我国新时代高品质、高效益的绿色低碳建筑发展做出贡献！

清华大学建筑学院　林波荣

2022 年 9 月于中国北京

序言二

随着经济与技术发展，人们对生活质量、身体健康方面的需求日益增加。如何高效、实时地实现非接触式舱内人体热舒适感知，为空调系统提供有效的反馈信号，是提升人类健康水平、实现"双碳"目标的关键。计算机视觉技术的引入，极大提升了人体热舒适非接触式检测的精度与效率，目前已成为业内研究热点。

成孝刚老师主要从事计算机视觉及其应用研究，担任南京邮电大学柔性智能研究所所长，曾在瑞典皇家理工学院（KTH）、苏黎世联邦理工学院计算机视觉实验室（ETH Zürich，CVL）深造。2016年，他将计算机视觉技术引入人体热舒适感知领域，长期深耕，并致力于理论、应用创新及产业化。相关研究成果为《非接触式热舒适检测原理与应用》的撰写奠定了坚实基础。

该书围绕人体热舒适检测技术展开，涵盖非接触式人体热舒适检测的理论基础、方法、技术流程及应用领域。书中详细探讨了计算机视觉技术在人体热舒适检测中的创新应用，包括人员姿态与行为识别等，并与室内人员定位技术结合，推动建筑环境智能化、服务品质提升，进而增强建筑用户的获得感与幸福感。此类技术创新不仅与建筑领域的绿色发展方向契合，也为实现低能耗、低碳排放的建筑环境服务提供了理论依据和技术支持。该书各章节内容丰富且各自独立，同时强调学科交叉，帮助热舒适领域的从业者更好地理解和应用非接触式热舒适检测技术。书中特别介绍了微变放大的基本原理、多种放大技术和算法，并结合实际研究案例，深入探讨了基于皮肤纹理和姿态估计的创新检测方法。书中对AI技术在非接触式人体热舒适检测领域的应用成果与发展前景进行了系统总结，为中国暖通空调领域的从业者提供了宝贵的参考。

该书适用于绿色建筑的从业人员、科研人员以及相关专业的高校研究生。本人诚挚地推荐此书，并希望该书能激发更多读者为我国"AI+"的发展贡献力量。

加拿大工程院院士　姚育东
2025年3月于美国新泽西州

前　　言

建筑领域是国民经济总能耗的占比大户。近年来，商业和住宅建筑消耗了总能源的30%。在户外环境极热、极冷的地区，如常年高温、高湿的新加坡，能源消耗的比例更高（52%）。其中采暖、通风和空调（HVAC）系统占建筑能耗的比例最大。因此降低暖通空调能耗势在必行，按需调控室内热环境从而满足人体热舒适需求是实现节能目标的有效路径。

建筑室内热环境控制一般依据室内温、湿度设计标准，保证大多数人的热舒适性。以长期环境监测和经验总结所确定的温、湿度标准，存在自身固有的局限性，不能兼顾人员热舒适和节能的要求。在基于环境传感器的传统测量方法中，传感器通常被固定于某一个位置，而室内环境参数在空间分布上是不均匀的，这就导致传统测量方法不够精确。随着"以人为本"和健康建筑概念的提出，室内环境控制更需要从用户的实际需求出发，同时减少信号采集过程对人员正常工作生活的干扰。计算机视觉、视频图像处理技术的高速发展，为满足上述需求提供了新的技术手段。

本书基于作者近5～10年的相关研究成果，系统梳理了计算机视觉技术在建筑内人员行为、冷热姿态、生理参数测量等方面的研究成果，分析了半接触式与非接触式检测方法、微变放大与深度学习、基于皮肤纹理和姿态估计的热舒适检测等技术的应用及未来发展方向。本书主要面向的读者为智能建筑领域中从事人体热舒适和建筑中人的行为研究的科研人员，建筑和计算机视觉两大领域中进行交叉学科研究的科研人员。

本书系统探讨了非接触式热舒适感知的理论框架与实践应用，填补了该领域系统性研究的空白。书中提及的热舒适检测技术不仅能运用于智能控制建筑室内热环境以节省能源，还可以对特殊人群的冷热舒适度进行检测。

本书着眼于非接触式热舒适检测方法，提出了视频微变放大技术与皮肤纹理检测相结合的热舒适感知模型，如 NIST 模型、NIPST 模型、NIDL 模型、NISDL 模型，并且结合 OpenPose 平台与姿态估计进行热舒适检测，实现了识别 12 种反映人体热不适的动作姿态，并提出了 NIMAP 模型。

本书首先介绍了传统的接触式与半接触式热舒适检测方法，并阐述其各自利弊；其次，介绍了基于拉格朗日方法与欧拉方法的视频放大技术检测的原理，同时介绍了将深度学习应用于视频放大的算法流程；再次，介绍了非接触式热舒适检测方式，包括视频微变放大与皮肤纹理检测相结合的热舒适感知技术和基于 OpenPose 开源平台的人体姿态、行为识别技术；最后，对热舒适检测技术的应用做出总结并展望其发展前景。

Preface

The building sector is one of the largest contributors to total national energy consumption. In recent years, commercial and residential buildings have accounted for approximately 30% of total energy use. In regions with extreme outdoor climates, such as Singapore—characterized by year-round high temperature and humidity—the proportion is even higher, reaching 52%. Heating, ventilation, and air conditioning (HVAC) systems represent the largest share of energy consumption in buildings. Therefore, reducing HVAC energy consumption is imperative. One effective strategy to achieve energy-saving goals is to regulate the indoor thermal environment on demand to meet human thermal comfort requirements.

Traditionally, the control of indoor thermal environments in buildings is based on design standards for indoor temperature and humidity to ensure thermal comfort for the majority of occupants. However, these standards, derived from long-term environmental monitoring and empirical studies, have inherent limitations and often fail to balance energy efficiency with personalized thermal comfort. In conventional sensor-based measurement methods, sensors are typically fixed at a specific location, while the indoor environmental parameters are spatially heterogeneous, resulting in limited accuracy of such measurements. With the growing emphasis on human-centric and healthy building concepts, indoor environmental control increasingly needs to be guided by the actual needs of users, while minimizing interference with occupants' daily activities during data acquisition. The rapid advancement of computer vision and video image processing technologies offers new technical solutions to address these challenges.

This book systematically reviews research findings from the past 5 to 10 years on the application of computer vision technologies in indoor human behavior analysis, thermal posture recognition, and physiological parameter monitoring. It examines the characteristics, applications, and future directions of semi-contact and non-contact detection methods, video magnification techniques (e. g., Eulerian and Lagrangian approaches), deep learning, and thermal comfort assessment based on skin texture and posture estimation. The book is intended for researchers in intelligent building systems focusing on human thermal comfort and occupant behavior, as well as scholars conducting interdisciplinary studies at the intersection of architecture and computer vision.

The book provides a comprehensive exploration of the theoretical framework and practical applications of non-contact thermal comfort perception, filling a gap in systematic research in this area. The thermal comfort detection techniques presented herein can be employed not only for intelligent indoor thermal environment control aimed at energy conservation, but also for monitoring the thermal comfort of special populations.

Focusing on non-contact thermal comfort detection methods, the book proposes several thermal comfort perception models—such as the NIST, NIPST, NIDL, and NISDL models—which integrate video magnification techniques with skin texture analysis. It also utilizes theOpenPose platform for pose estimation to recognize thermal discomfort-related behaviors. Specifically, it achieves the identification of 12 postures indicative of thermal discomfort and introduces the NIMAP model for this purpose.

The book begins by introducing traditional contact and semi-contact thermal comfort detection methods, highlighting their respective advantages and disadvantages. It then presents the principles of video magnification techniques based on Lagrangian and Eulerian methods, as well as the integration of deep learning algorithms into video magnification. Subsequently, it details non-contact thermal comfort measurement approaches, including methods that combine video magnification with skin texture detection and those based on human posture and behavior recognition using the OpenPose open-source platform. Finally, it summarizes the applications of thermal comfort detection technologies and discusses future development prospects.

目　录

1 概论

1.1 热舒适与热生理学

热舒适被定义为"人们对当前所处热环境表示满意的一种心理状态"[1]。该定义强调了人对于环境的主观认知，其受到环境中多种不可控和不可测的参数的影响，如激素水平、热习惯等。因此，为了探究其中影响个体热舒适的主要因素，研究人员提出了大量的热舒适模型。

迄今为止，Gagge 教授于 1971 年提出的二节点基础传热模型[2] 和丹麦 Fanger 教授于 1988 年提出的预测平均投票数（predicted mean vote，PMV）稳态模型[3] 应用最为广泛。二节点模型将人体看作两个同心圆柱体并分为核心层和皮肤层，且温度场视为均匀[2]。其中核心层与皮肤层之间的热量传递都是基于人体热平衡方程。该模型形式简单、计算简便，被广泛应用于人体与室内热环境间换热过程的研究中，通过利用该模型最终可以获取核心温度和皮肤温度。PMV 模型是解决稳态问题的经典模型，其中影响人员热舒适的六个因素分别是：空气干球温度，相对湿度，平均辐射温度，空气速率，人体活动量，服装热阻。在大量实验验证的基础上，Fanger 教授又提出将人的主观感受纳入 PMV 模型中，综合考虑了人体心理和生理的影响。预计不满意者的百分数（predicted percentage of dissatisfied，PPD），该评价指标用来表示建筑使用者对热环境不满意的程度，并构建了它和 PMV 之间的定量关系。通过 PMV-PPD 曲线，可以评估同一环境下一群人的平均热感觉和他们各自对热环境的不满意百分数。该评价体系在 ISO 7730 和 ASHRAE 55 标准中得到大量应用[1,4]。PMV 模型对于空调房间中标准着装和坐姿的工作人群的热舒适预测准确度更高，而对在非空调房间中其他着装和代谢率低的人群热舒适预测效果较差。为解决上述问题，Nicol 和 Humphreys[5~8]，Auliciems[9]，De Dear、Brager 和 Cooper[10]，De Dear 和 Brager[11] 提出了适应性热舒适模型，它的基本理论是适应性原则：如果环境发生了变化，如空气干球温度上升造成人员不适，人们的反应倾向于恢复舒适状态[12]，而适应性热舒适模型是基于大量实地调研，分析人们的舒适温度随环境温度变化的客观规律，并综合考虑了人的行为习惯、地区气候、地理位置、文化风俗等因素。适应性热舒适模型适用背景不再是稳态环境，而是考虑了环境的动态变化，它体现了人与环境交互的作用。

有关研究表明，人体生理指标（信号）如皮肤温度、心率、脉搏、脑电波等可以作为预测热舒适的有效参数[13]。这是因为位于人体皮肤上的冷、热感受器将环境刺激传递给中枢神经系统，从而使得室内人员的热感觉及各项生理参数也会随之改变。皮肤温度是人体生理参数中最基本的指标之一。Yao 等人评估了三种环境温度下受试者的总体和局部热感觉，发现皮肤温度与人们的热感觉高度相关[14]。Choi 和 Loftness 认为手部、手腕和小臂的温度梯度是预测人体热感觉的良好指标[15]。另一方面，心率与人体的健康状态及活动水平息息相关，Liu 等人对心率与热感觉的关系展开研究，并发现两者具有相关性[16,17]。传统测量生理参数的方法虽然监测精度较高，但是要求受试者保持相对静止的状态且需要与身体直接接触[18]。因此，如何非接触、实时、高效地监测人体生理信号成了当前预测热舒适领域亟待解决的一项重大挑战。

1.2 传统检测方法及其局限性

传统的检测方法包括问卷调查、环境参数监测和生理参数监测。

基于问卷调查的方法可以直接获取人员对于当前热环境的主观反馈信息。然而在实地测试研究或实验室（人工气候室）研究中，受试者需暂停他们的正常工作和生活，填写纸质或电子调查问卷。由于现场实验环境复杂多变，纸质调查问卷一般适用于实验室测试。基于手机或计算机的电子问卷虽然在一定程度上提高了便捷度[19]，但它需要建筑使用者持续且频繁的配合[20]，同时无法避免霍桑效应。

环境参数监测的方法是在尽可能减少对人与环境干扰的情况下，采集建筑使用者所处热环境的条件参数。其测试内容一般包括室内干球温度、湿度、空气流速等物理参数。该方法更具可操作性，但其数据并不直接反映建筑使用者的真实感受或生理参数。尽管通过摆放不同种类的传感器测量室内环境参数能够得到更多环境信息，但是室内环境参数空间分布的不均匀性、光照强度、室内设备辐射、室内家具等其他因素也会对测试数据造成影响[21,22]。

研究发现，人体生理指标特征可在一定程度上反映人体热舒适[23~25]。如当周围热环境发生变化时，人体的一些生理特征（如皮肤温度）也会随之发生改变。这类生理指标可以评估人的热舒适状态，具体包括心率、血流灌注度、皮肤温度、人体代谢率、脑电图等。测量生理参数的设备一般与人体皮肤直接接触，这可能导致人员产生异物感，同时设备的位置和角度、人员体脂率和运动状态等都会引起测量误差，在一定程度上影响了该方法实际应用的可行性。

1.3 非接触式检测方法

基于视频、图像处理的技术可实现非接触式检测，从而弥补脱离人员的环境参数监测、可穿戴设备的异物感及对正常生活产生的干扰等缺陷。目前常用的非接触式测量方法有基于红外辐射的传感技术和基于普通摄像头的检测技术。

非接触式测量方法是指在不干扰室内人员工作生活的基础上，实时监测室内人员信息，如人员在室情况、行为习惯、冷热姿态等。其主要包含以下几种方法：基于红外辐射的传感技术，如红外热成像技术及微型传感器技术；基于普通摄像头的检测技术，如欧拉视频放大技术和骨骼关键节点模型。红外热成像技术被广泛用于情绪检测、医学检测、人脸识别、测谎等方面，同时也可用于评价人体热舒适；微型传感器技术，例如主动式和被动式红外传感器，可通过检测人体红外辐射来实现生理参数检测、室内人员的检测及定位；欧拉视频放大技术对血管和肤色的细微变化进行放大，进一步分析并预测出人体热感觉；骨骼关键节点模型通过人体骨骼节点模型的建立来估计人体姿态，进一步得到人体当前的热舒适状态。

上述检测方法可应用于室内环境监测、系统参数预测、特殊人群保护及动植物养殖等领域。实时非接触监测室内工作环境和睡眠环境，并根据室内人员需求调节暖通空调系统的运行参数；对特殊人群，比如痴呆老人、婴儿等无法表达和沟通的人群以及消防队员、穿玩偶服的推销员等工作人群检测行为和生理参数实现危险预警和工作环境优化；对动植物的生长状态实时监测，降低死亡率并优化生长环境。

本章参考文献

［1］American Society of Heating，Ventilation，Refrigerating and Air Conditioning Engineers. ISSN 1041-2336 Thermal environmental conditions for human occupancy ［S］. Atlanta：ASHRAE Bookstore，2017.

［2］Gagge A P，Burton A C，Bazett H C. A practical system of units for the description of the heat exchange of man with his environment ［J］. Science，1941，94（2445）：428-430.

［3］Fanger P O. Thermal comfort：Analysis and applications in environmental engineering ［J］. Analysis and Applications in Environmental Engineering，1970，225-240.

［4］International Standard Organization. ISO 7730：2005 Ergonomics of the thermal environment — Analytical determination and interpretation of thermal comfort using calculation of the PMV and PPD indices and local thermal comfort criteria. ［S］. Switzerland：ISO，2005.

［5］Nicol J F，Humphreys M A. Thermal comfort as part of a self-regulating system ［J］. Building Research and Information，1973，1：174-179.

［6］Nicol J F，Humphreys M A. Adaptive thermal comfort and sustainable thermal standards for buildings ［J］. Energy and Buildings，2002，34（6）：563-572.

［7］Nicol F，Humphreys M. Derivation of the adaptive equations for thermal comfort in free-running buildings in European standard EN15251 ［J］. Building and Environment，2010，45（1）：11-17.

［8］Humphreys M A，Rijal H B，Nicol J F. Updating the adaptive relation between climate and comfort indoors：new insights and an extended database ［J］. Building and Environment，2013，63：40-55.

［9］Auliciems A. Towards a psycho-physiological model of thermal perception ［J］. International Journal of Biometeorology，1981，25（2）：109-122.

［10］De Dear R，Brager G S，Cooper D. Developing an adaptive model of thermal comfort and preference ［J］. ASHRAE Transactions，1998，104（1）：145-167.

［11］Brager G S，De Dear R J. Thermal adaptation in the built environment：a literature review ［J］. Energy and Buildings，1998，27（1）：83-96.

［12］Nicol F，Humphreys M，Roaf S. Adaptive thermal comfort：principles and practice ［M］. New York：Routledge Taylor & Francis Group；2012.

［13］Yao Y，Lian Z，Liu W，et al. Heart rate variation and electroencephalograph-the potential physiological factors for thermal comfort study ［J］. Indoor Air，2009，19（2）：93-101.

［14］Yao Y，Lian Z，Liu W，et al. Experimental study on skin temperature and thermal comfort of the human body in a recumbent posture under uniform thermal environments ［J］. Indoor and Built Environment，2007，16（6）：505-518.

［15］Choi J H，Loftness V. Investigation of human body skin temperatures as a bio-signal to indicate overall thermal sensations ［J］. Building and Environment，2012，58：258-269.

［16］Liu W，Lian Z，Liu Y. Heart rate variability at different thermal comfort levels ［J］. European Journal of Applied Physiology，2008，103（3）：361-366.

[17] Mansi S A, Barone G, Forzano C, et al. Measuring human physiological indices for thermal comfort assessment through wearable devices: A review [J]. Measurement, 2021, 183 (3): 109872.

[18] Zagreus L, Huizenga C, Arens E, et al. Listening to the occupants: a Web-based indoor environmental quality survey [J]. Indoor Air, 2004, 14 (8): 65-74.

[19] Sanguinetti A, Pritoni M, Salmon K, et al. Upscaling participatory thermal sensing: Lessons from an interdisciplinary case study at University of California for improving campus efficiency and comfort [J]. Energy Research & Social Science, 2017, 32: 44-54.

[20] Ghahramani A, Tang C, Becerik-Gerber B. An online learning approach for quantifying personalized thermal comfort via adaptive stochastic modeling [J]. Building and Environment, 2015, 92: 86-96.

[21] Ghahramani A, Castro G, Becerik-Gerber B, et al. Infrared thermography of human face for monitoring thermoregulation performance and estimating personal thermal comfort [J]. Building and Environment, 2016, 109: 1-11.

[22] Huizenga C, Zhang H, Arens E, et al. Skin and core temperature response to partial-and whole-body heating and cooling [J]. Journal of Thermal Biology, 2004, 29 (7-8): 549-558.

[23] Takada S, Matsumoto S, Matsushita T. Prediction of whole-body thermal sensation in the non-steady state based on skin temperature [J]. Building and Environment, 2013, 68: 123-133.

[24] Choi J H, Yeom D. Study of data-driven thermal sensation prediction model as a function of local body skin temperatures in a built environment [J]. Building and Environment, 2017, 121: 130-147.

[25] Chen Y, Lu B, Chen Y, et al. Breathable and stretchable temperature sensors inspired by skin [J]. Scientific Reports, 2015, 5 (1): 1-11.

2 半接触式与非接触式检测方法

2.1 半接触式检测方法（可穿戴设备）

半接触式检测方法是将传感器集成到可穿戴设备上，进而实时采集人体生理参数。Ghahramani 等提出将四个红外传感器装配到眼镜上，测量佩戴者的前脸、颧骨、鼻子、耳朵的皮肤温度，并利用隐马尔可夫模型（hidden markov model，HMM）算法分析个体热舒适度[1,2]。该方法虽然实现了实时评估人员热舒适的目标，但没有考虑人员活动强度对热舒适的影响。此外，红外传感器装配的最佳位置、检测距离、覆盖范围等因素对检测热舒适精度的干扰尚不明确。

智能手环等可穿戴设备也可用于个性化热舒适的评估。Sim 等通过监测手腕（桡动脉和尺动脉区域及手腕上部）和指尖皮肤温度，初步评估了手腕皮肤温度用于热感觉预测的可行性[3]。Nkurikiyeyezu 和 Lopez 等采用基于光体体积描记术的 E4 腕带记录人体心跳模式，将信号发送给智能手机从而计算心率变异性（heart rate variability，HRV）指数[4,5]。E4 腕带也可用于对智能手机拍摄的红外热图像进行误差修正，使人脸温度测量误差的平均绝对误差和标准偏差分别降低了 49.4％和 64.9％[6]。Zhang 等提出一种生物实时控制系统，使用智能腕带来实时测量室内人员的手腕温度。根据手腕温度、主观反馈和环境条件，该系统将以最大化群体热舒适和最小化能耗为目标执行最佳控制动作[7,8]。Kobiela 等通过智能手表测量皮肤温度、心率及心率变异性等数据，并将其作为预测热舒适模型的输入，将结果与专业测量设备进行对比，其准确率达到 79.8％[9]。

腕带式可穿戴设备是一种有效的单体数据采集工具，佩戴方便且可以随身携带，减少了对人员正常工作和生活的干扰，一定程度上提高了人员的可接受度。但在上述研究中仅仅探讨了在静坐状态下办公室人员的生理参数变化情况，而对于活动水平较高的人群或在室内环境较热情况下，腕带式可穿戴设备的可行性和实用性没有得到验证。这是因为当设备使用者手部移动幅度较大或出汗时，传感器的监测精度会下降。尽管一些可穿戴设备自带的信号处理模块能够消除噪声，但其功效还不能满足实际使用的需求[10]。与上述研究不同，Nazarian 等使用 Fitbit 智能手表监测不同活动水平下佩戴者的心率，以此评估、比较腕带传感器和专业传感器所测数据的精度[11]。此外，为测量环境、手腕皮肤温度和湿度，他们还在表带上装配了两个硬币大小的 iButton 传感器作为预测热舒适的依据。尽管该方法考虑了人的行走、跑步等运动情况下的监测，但是智能手表仍需集成其他类型传感器以帮助提升预测个体热舒适的精度。同时可穿戴设备并不能完全不对人员造成影响，如在佩戴脑电波可穿戴设备的情况下，佩戴者可能会感觉头疼[12]。

2.2 基于红外传感的非接触式检测方法

2.2.1 红外热成像技术

红外热成像技术将检测到的物体热辐射红外信号转换成红外图像，进一步计算出物体的表面温度分布情况。该技术可以通过采集人体裸露皮肤的图像，计算出手部皮肤温度、面部皮肤温度（见图 2-1）、心跳频率和呼吸频率。

图 2-1　人体皮肤的红外图像[13]

智能手机上的热成像相机[14]是一种低成本和小型化的红外摄像头，但低成本红外探测器冷却不够充分，因此与高端型号摄像头相比，精度并不高。Aryal 等提出了将 RGB（red，green，blue）图像和热成像仪数据结合使用的方法，利用 RGB 图像中检测到的人脸特征区域来定位红外图像中对应的人脸皮肤区域（见图 2-2），从而提取出人脸的皮肤温度[15]。Kopaczka 等结合人脸特征检测、情感识别、面孔正面化和分析算法对红外人脸图像进行进一步的分析处理[16]。

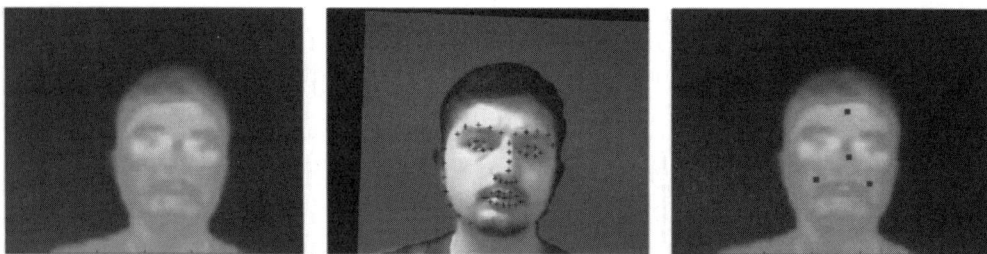

图 2-2　热成像提取不同特征区域皮肤的温度[15]

对运动员在室外跑步和室内健身的场景来说，热感觉预测准确度为 $65\% \sim 85\%$[17]，但是该研究并未对噪声进行处理，因此算法和模型的鲁棒性需要进一步的验证。Cosma 等将热成像仪、深度传感器、彩色摄像头集成到一个平台中，检测出皮肤表面温度和服装表面温度，将其用于热舒适评估[18]。该平台具有低成本（约 300 美元）、小型化、实时监控的优点。以此为基础，相关研究人员提出利用机器学习算法生成预测热舒适模型，并进行了数据分析[19~21]。为了克服人员姿态和动作的影响，李威等提出了一种由低成本热成像仪和 RGB-D 传感器（Kinect）组成的设备[22]，但当检测对象运动时，红外成像技术在热舒适和热感觉预测方面的准确度将受到限制。

2.2.2 微型传感器技术

1. 室内人员定位

主动式红外传感器是利用红外线反射原理，当人体的某一部分在红外线区域内时，红外线发射管发出的红外线由于人体遮挡反射到红外线接收管，从而输出是否有人员存在的脉冲信号。

被动式红外传感器（passive infrared detectors，PIR）与主动式红外传感器不同，它不依靠发射辐射能量来探测物体的存在，而是通过检测物体发射或反射的红外辐射来工作，是被广泛用于监控的廉价传感器之一，具有体积小、功耗低、灵敏度高、探测范围大等优点。人体发出的辐射能量与其他有温度的物体不同，主要集中在 $9\sim10\mu m$ 的波长内。被动式红外传感器能够吸收这种人类肉眼看不到的红外线，适用于室内人员定位[23]。

PIR 为暖通空调设备（如家用空调[24]）提供与人员信息有关的电信号，智能调节不仅提高了人员热舒适，而且节省了能源。如今，部分空调产品已经可以做到根据人员行为调整运行模式，例如空调在 30min 内没有检测到人体运动的信号将自动关闭。但智能调节的方式也有其自身的局限，PIR 无法识别静止的人体。为了解决这个问题，PIR 常常和其他技术配合使用。例如将微波和 PIR 相结合，两个传感器分别负责不同的任务，只有两个传感器同时触发才可以激活报警信号[25]。Manzoor 等将 PIR 和无源射频识别技术（radio frequency identification，RFID）相结合来控制照明系统，检测准确率达到了 91.43%[26]。

相关研究显示应用 PIR 产生的节能量逐年增加，增幅可达到 30%[27]。Jin 等通过历史占用数据建立的基于时序的人工神经网络模型（temporal sequential-based artificial neural network，TS-ANN）来修正 PIR 实时检测的占用数据。实验结果表明，占用检测的总体准确率由传统时延法的 96.4% 提高到 TS-ANN 法的 97.4%。与此同时，错误关闭的次数从 79.5 次/d 显著减少到 0.6 次/d[28]。PIR 不仅可以控制暖通空调系统，还可以与个体微环境控制系统相结合，如图 2-3 所示。

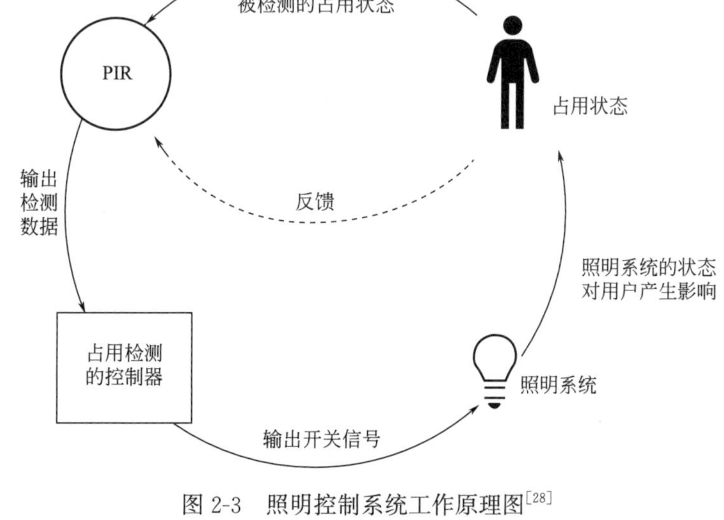

图 2-3 照明控制系统工作原理图[28]

2. 测量物体表面温度

物体表面温度测量方式可分为接触式和非接触式。接触式测温只能测量被测物体与测温传感器达到热平衡后的温度，所以响应时间长，且极易受环境温度的影响。而红外传感器是根据被测物体的红外辐射能量来确定物体的温度，不与被测物体接触，不影响目标物体温度场，并且具有温度分辨率高、响应速度快、稳定性好等特点。近年来，非接触式红外传感器在环境监测、楼宇自动化、疫情防控等方面得到越来越广泛的应用。

Rinanto 等提出了多模态传感器系统（multi-modality sensor，MMS），它是由一组热电堆红外传感器、一个距离传感器、一个光强传感器和一个网络摄像头组成。在此基础上，将主成分分析法（principal component analysis，PCA）与人工神经网络（artificial neural network，ANN）相结合回归得到人体体温[29]。为了减少测量偏差，将腋下温度数据作为实际体温进行机器学习模型的训练和验证。结果表明，PCA-ANN 温度预测模型优于其他预测模型，平均绝对误差、平均绝对百分比误差、均方根误差均最低，R 值最高，可以优化低成本 MLX90614 传感器的精度。与最先进的低成本非接触式红外传感器相比，平均绝对误差（mean absolute error，MAE）值达到 0.1℃，标准偏差为 0.03℃[29]。

2.3 基于普通摄像头的非接触式检测方法

2.3.1 欧拉视频放大技术

欧拉视频放大技术是一种细微视觉运动放大技术，被广泛应用于观察视频中特定区域的形态及特征。其工作原理是利用拉格朗日方法将测量到的视觉运动与一组视频图像中经过修正的像素相结合，检测人肉眼察觉不到的细微运动和颜色变化[30]。欧拉视频放大技术与拉格朗日方法的不同之处在于该技术不跟踪物体运动，而是依赖于视频金字塔和放大的时间序列的结合。该技术可用于放大喉结振动以判断发声，检测心率、脉搏、肤色及血液等方面的细微变化。

瑞典于默奥大学和美国弗吉尼亚理工大学的两个课题组将欧拉视频放大技术用于测量人体皮肤温度，来反映人体热舒适状态，并向暖通空调系统提供反馈信号。本书作者基于血管和肤色的细微变化，建立了皮肤颜色饱和度与皮肤温度的关系，提出了一种为暖通空调系统提供反馈信号的非接触式人体皮肤温度测量技术[31]。微变放大和深度学习（a contactless measurement method of thermal comfort based on subtleness magnification and deep learning，NIDL）算法可以结合 iButton 的检测数据进行交叉验证，进一步评估欧拉视频放大技术的可行性[32]。

人体皮肤颜色会随着血管的扩张或收缩发生细微的变化，尤其是在局部热刺激下产生的变化更为明显，虽然该变化肉眼无法察觉，但是经过图像放大处理后可以检测出这种变化。而欧拉视频放大技术可以准确分析皮肤颜色饱和度，提取并放大 RGB 皮肤颜色信号，通过普通摄像头与欧拉视频放大技术相结合的非接触式测量方法，可以得到人体皮肤温度。

采集到的视频通过特定的线性关系和独立成分分析（independent component analysis，ICA）处理技术，再经过去噪声、分离心率，可实现自动测量心率的效果，生命体征摄像机放大肤色变化率后,可精确测量脉搏和呼吸频率[19]。本书作者提出一种基于皮肤敏感指数(skin sensitivity index,SSI)的非接触式皮肤温度测量方法,利用大数据对皮肤图像深度学习网络模型进行训练[33]。

研究人员提出了一种基于商用摄像头和 RGB 视频图像技术相结合的热舒适评估方案[34](见图 2-4)。在实验条件下,采用 2 种不同的室内环境(高温 30℃和低温 20℃)刺激坐在计算机前工作的用户。摄像头可以连续采集头部和面部皮肤的图像,检测出血流量的细微变化,得到人体体温和热舒适的调节策略。通过人脸检测、皮肤像素分离、图像放大和检测指标计算等技术可以提取视频中人体的热舒适信息。在识别过程中,需要消除面部眉毛、胡须等无关区域的影响,还需要考虑不同光照下可能产生的干扰(放大后的图像要减去原始图像,考虑可变的原始色彩强度),并消除亮度通道,以减少各种光照产生的影响。

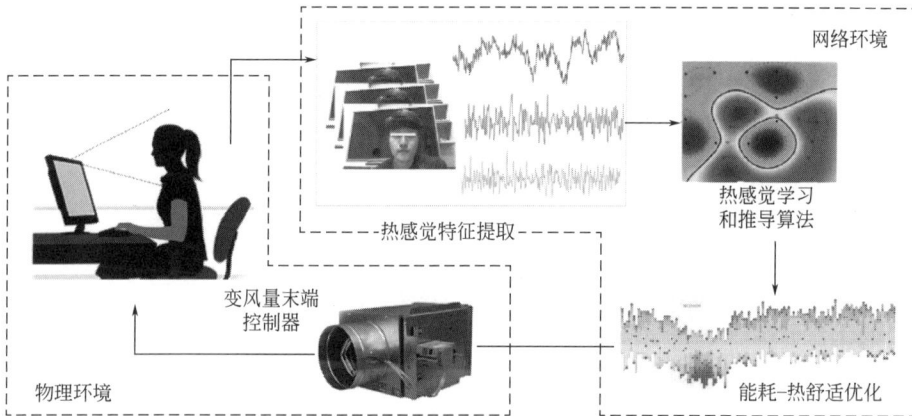

图 2-4 欧拉视频放大技术与送风末端调节装置集成系统[34]

通过实验对上述调节方案进行了可行性评价,21 名受试者处于低温(20℃)和高温(30℃)两种环境温度下,18 名受试者的数据具有统计学意义,其中 16 名受试者的数据可得到最佳的分析结果,成功率为 89%。结果表明,利用人体体温调节机制(血液灌注度变化)和欧拉视频放大算法对不同环境温度下的 RGB 视频图像进行分析,可以推断出人体热舒适状态[34]。这种非接触式方法适用于建筑室内人员(尤其是办公建筑),常用视频设备与个人计算机的交互不仅可以实现非接触式、实时、个性化的热舒适检测,还能为建筑能源管理系统提供反馈信号。然而,上述实验要求受试者在测试时保持静止。

在上述问题的基础上,Jung 等提出了一种方法,可通过远距离采集的面部 RGB 视频图像来提取光电容积描记法(photoplethysmography,PPG)信号中的细微变化,在分离出感兴趣区域后,将独立分量分析方法和最小均方(least mean square,LMS)自适应滤波算法集成到一个框架中,并且在保留 PPG 信号幅度的基础上,可以排除不想要的和带内伪影的信息[35]。此外,Jung 等还研究了使用多普勒雷达感应系统(doppler radar sensing,DRS)测量呼吸频率,并分析出预测人员热舒适的可行性。结果表明,呼吸频率可以作为人体热舒适调节的一个检测指标,实现对建筑暖通空调系统的智能控制[36]。

2.3.2 骨骼关键节点模型

人体姿态识别已广泛应用于视频游戏、机器人和医学等不同领域。Toshev 等提出了一种基于卷积神经网络的骨骼关键节点检测模型[37]，与欧拉视频放大技术不同，它可以识别动态的人体，远距离捕捉人员定位信息，应用范围更广、系统扩展性更强。一个开源软件 OpenPose 通过学习图像特征和图像相关空间模型实现了单人或多人的人体姿态估计[38]，并得到较高的准确度。这使得利用普通数码摄像头来评估热舒适、热不舒适相关姿态成为可能[39]。

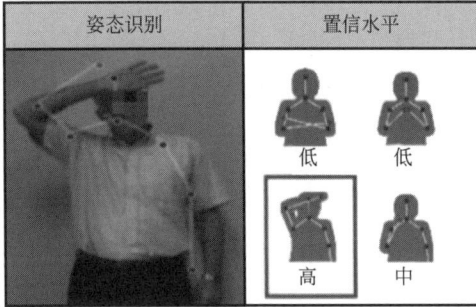

图 2-5　基于 Kinect 的人体姿态识别[40]

Meier 等基于 Kinect 检测平台定义了 4 种热舒适相关的人体姿态（见图 2-5）。除人体生理参数外，热相关姿态也可以与热舒适建立关系。通过建立热相关姿态库，两者之间的关系将进一步得到验证，利用 Kinect 的姿态识别也可以检测人体代谢率。然而，Kinect 受专利保护[39,40]，其实际应用不具有可扩展性和经济性。作为一种替代方案，开源平台 OpenPose 可用于生成人体骨骼关键节点。

本书作者定义了 12 种热不适姿态：擦汗、用手扇风、抖 T 恤、挠头、卷起袖子、交叉手臂、交叉腿、手绕脖子、呼气暖手、跺脚、走路、抖肩。将手机或计算机摄像头与骨骼节点模型结合来采集数据，与仅针对静止人群的欧拉视频放大技术不同，它还可以高精度远程采集动态人体骨骼关键节点[41]。该方法与红外摄像机相比，初始投资小，成本低，无需额外费用。

因为单独使用姿态确定热舒适状态可能会造成系统误判，所以必须对来自不同人员的相同姿态通过其他测量技术进行交叉验证。尽管预测人员活动和代谢率的准确度仍存在技术局限，但开发出的个性化热舒适模型更好地体现了人与人之间性别、体征等方面的不同[42]。

此外，人们在感受到冷、热应激时，可能不会表现出预先定义的姿态。现实生活中，定义的热不适姿态可能不是冷、热感觉造成的，而是其他无关因素导致的。例如，跺脚可能是因为鞋子有灰尘而非人体感到寒冷，擦汗可能是整理头发等相似动作。上述因素一定程度上限制了骨骼节点模型在现实中的应用。

2.4　动物非接触式检测方法

由于传统的接触式测量（植入或插入传感器）会对动物的正常活动和健康生长造成极大的干扰，所以在兽医学、生物学等相关领域，红外成像是一种常用的识别、监测动物状态的非接触方法。它具有自动化、远距离、实时传输等优点，可以适用于监测各类野生或人工饲养的动物[43,44]。

在野生动物研究领域，针对一些行踪诡异、难以人为追踪观察的野生动物（如虎、豹等），红外相机已经得到了广泛应用，其能够捕捉它们的行踪，评估该种野生动物的种群现状及生存情况等，从而提出针对该物种的保护施救措施[43]。同时一些研究为了观察和分析不同类型野生动物的热调节过程，利用红外成像技术获取动物体表温度，从而为研究与体温调节相关的生理反应提供科学依据[44]。

在畜牧养殖业领域，动物体表温度变化已经被证实可以作为判断动物的健康状况、生长阶段等信息的依据[45~48]。然而应用水银体温计或电子体温计的传统接触式测温方法不仅费时费力，而且容易造成个体间交叉感染，因此该方法不宜用于大规模养殖产业[49]。红外传感技术作为一种更科学、更有效的远程非接触测温手段得到了广泛应用。Maia 等提出基于红外成像技术采集马的腋窝、臀部、乳房和腹股沟温度，并利用机器学习算法，最终分析预测马的热舒适[46]。同时非接触红外测量方法也可以用于诊断跛马及评估马蹄的炎症程度，从而协助兽医得出最佳治疗方案[47]。Soerensen 和 Pedersen 基于红外传感技术评估了猪的皮肤、所处环境和体温之间的关系，并将其应用于检测发烧、炎症、创伤、排卵和精神状况以及肉质评估[48]。与人类不同，动物不可以主动、准确地向周围环境表达自己当前的感受。因此，采用非接触式测量方法检测动物的各类生理参数以判断动物当前状态是十分有必要的，该方法不仅有利于诊断牲畜的健康状况，还对畜牧养殖行业具有重要的指导作用。

本章参考文献

[1] Ghahramani A，Castro G，Becerik-Gerber B，et al. Infrared thermography of human face for monitoring thermoregulation performance and estimating personal thermal comfort [J]. Building and Environment，2016，109：1-11.

[2] Ghahramani A，Castro G，Karvigh S A，et al. Towards unsupervised learning of thermal comfort using infrared thermography [J]. Applied Energy，2018，211：41-49.

[3] Sim S Y，Koh M J，Joo K M，et al. Estimation of thermal sensation based on wrist skin temperatures [J]. Sensors，2016，16（4）：420.

[4] Nkurikiyeyezu K，Lopez G. Toward a real-time and physiologically controlled thermal comfort provision in office buildings [M]. Amsterdam：IOS Press，2018（23）：168-177.

[5] Lee J，Ham Y. Physiological sensing-driven personal thermal comfort modelling in consideration of human activity variations [J]. Building Research & Information，2021，49：512-524.

[6] Yoshikawa H，Uchiyama A，Higashino T. Thermal Wrist：Smartphone Thermal Camera Correction Using a Wristband Sensor [J]. Sensors，2019，19（18）：3826.

[7] Zhang C. A bio-sensing and reinforcement learning control system for personalized thermal comfort and energy efficiency [D]. Pittsburgh：Carnegie Mellon University，2019.

[8] Hasan M H，Alsaleem F，Rafaie M. Sensitivity study for the PMV thermal comfort model and the use of wearable devices biometric data for metabolic rate estimation [J]. Building and Environment，2016，110：173-183.

[9] Kobiela F，Shen R，Schweiker M，et al. Personal thermal perception models using skin temperatures and HR/HRV features：comparison of smartwatch and professional measurement devices [C]. Proceedings of the 23rd International Symposium on Wearable Computers. London United，Kingdom，2019：96-105.

[10] Mansi S A，Barone G，Forzano C，et al. Measuring human physiological indices for thermal comfort assessment through wearable devices：a review [J]. Measurement，2021，183（3）：109872.

[11] Nazarian N，Liu S，Kohler M，et al. Project Cool bit：can your watch predict heat stress and thermal

comfort sensation? [J]. Environmental Research Letters, 2021, 16 (3): 034031.

[12] Wang X, Li D, Menassa C C, et al. Investigating the effect of indoor thermal environment on occupants' mental workload and task performance using electroencephalogram [J]. Building and Environment, 2019, 158: 120-132.

[13] Ranjan J, Scott J. Thermal Sense: determining dynamic thermal comfort preferences using thermographic imaging [C]. Proceedings of the 2016 ACM International Joint Conference on Pervasive and Ubiquitous Computing. Heidelberg, Germany, 2016: 1212-1222.

[14] CANNON J. FLIR one pro | FLIR systems available online [EB/OL]. [2021-03-22].

[15] Aryal A, Becerik-Gerber B. A comparative study of predicting individual thermal sensation and satisfaction using wrist-worn temperature sensor, thermal camera and ambient temperature sensor [J]. Building and Environment, 2019, 160: 106223.

[16] Kopaczka M, Breuer L, Schock J, et al. A modular system for detection, tracking and analysis of human faces in thermal infrared recordings [J]. Sensors, 2019, 19 (19): 4135.

[17] Tanda G. Skin temperature measurements by infrared thermography during running exercise [J]. Experimental Thermal and Fluid Science, 2016, 71: 103-113.

[18] Cosma A C, Simha R. Thermal comfort modeling in transient conditions using real-time local body temperature extraction with a thermographic camera [J]. Building and Environment, 2018, 143: 36-47.

[19] Farhan A A, Pattipati K, Wang B, et al. Predicting individual thermal comfort using machine learning algorithms [C]. 2015 IEEE International Conference on Automation Science and Engineering (CASE). Gothenburg, Sweden, 2015: 708-713.

[20] Cosma A C, Simha R. Using the contrast within a single face heat map to assess personal thermal comfort [J]. Building and Environment, 2019, 160: 106163.

[21] Cosma A C, Simha R. Machine learning method for real-time non-invasive prediction of individual thermal preference in transient conditions [J]. Building and Environment, 2019, 148: 372-383.

[22] 李威, 张吉礼, 赵天怡. 基于人体热感觉穿戴传感的室内温度优化调控方法研究 [J]. 暖通空调, 2019, 49 (11): 26-31.

[23] Pawar Y, Chopde A, Nandre M. Motion detection using pir sensor [J]. International Research Journal of Engineering and Technology (IRJET), 2018, 5 (4): 4753-4756.

[24] Agarwal Y, Balaji B, Gupta R, et al. Occupancy-driven energy management for smart building automation [C]. Proceedings of the 2nd ACM workshop on embedded sensing systems for energy-efficiency in building. Zurich, Switzerland, 2010: 1-6.

[25] Hsiao R S, Lin D B, Lin H P, et al. A robust occupancy-based building lighting framework using wireless sensor networks [C]. Applied Mechanics and Materials. Switzerland: Trans Tech Publications Ltd, 2013: 2015-2020.

[26] Manzoor F, Linton D, Loughlin M. Occupancy monitoring using passive RFID technology for efficient building lighting control [C]. 2012 Fourth International EURASIP Workshop on RFID Technology. Torino, Italy, 2012: 83-88.

[27] Cheng C C, Lee D. Enabling smart air conditioning by sensor development: A review [J]. Sensors, 2016, 16 (12): 2028.

[28] Jin Y, Yan D, Zhang X, et al. A data-driven model predictive control for lighting system based on historical occupancy in an office building: Methodology development [C]. Building Simulation. Beijing: Tsinghua University Press, 2021: 219-235.

[29] Rinanto N，Kuo C H. PCA-ANN Contactless Multi-modality Sensors for Body Temperature Estimation [J]. IEEE Transactions on Instrumentation and Measurement，2021，70：1-16.

[30] Wu H Y，Rubinstein M，Shih E，et al. Eulerian video magnification for revealing subtle changes in the world [J]. ACM Transactions on Graphics (TOG)，2012，31 (4)：1-8.

[31] Cheng X，Yang B，Olofsson T，et al. A pilot study of online non-invasive measuring technology based on video magnification to determine skin temperature [J]. Building and Environment，2017，121：1-10.

[32] Cheng X，Yang B，Hedman A，et al. NIDL：A pilot study of contactless measurement of skin temperature for intelligent building [J]. Energy and Buildings，2019，198：340-352.

[33] Cheng X，Yang B，Tan K，et al. A contactless measuring method of skin temperature based on the skin sensitivity index and deep learning [J]. Applied Sciences，2019，9 (7)：1375.

[34] Jazizadeh F，Jung W. Personalized thermal comfort inference using RGB video images for distributed HVAC control [J]. Applied Energy，2018，220：829-841.

[35] Jung W，Jazizadeh F. Vision-based thermal comfort quantification for HVAC control [J]. Building and Environment，2018，142：513-523.

[36] Jung W，Jazizadeh F. Non-intrusive detection of respiration for smart control of HVAC system [M]. Reston：American Society of Civil Engineers，2017：310-317.

[37] Toshev A，Szegedy C. Deep pose：Human pose estimation via deep neural networks [C]. Proceedings of the IEEE conference on Computer Vision and Pattern Recognition. Providence，USA，2014：1653-1660.

[38] Wei S E，Ramakrishna V，Kanade T，et al. Convolutional pose machines [C]. Proceedings of the IEEE conference on Computer Vision and Pattern Recognition. Providence，USA，2016：4724-4732.

[39] Cao Z，Simon T，Wei S E，et al. Realtime multi-person 2D pose estimation using part affinity fields [C]. Proceedings of the IEEE conference on computer vision and pattern recognition. Honolulu，HI，USA，2017：7291-7299.

[40] Meier A，Cheng X，Dyer W，et al. Non-invasive assessments of thermal discomfort in real time [C]. CATE 2019 - Comfort at the Extremes：Energy，Economy and Climate. Dubai，The United Arab Emirates，2019：685-700.

[41] Yang B，Cheng X，Dai D，et al. Real-time and contactless measurements of thermal discomfort based on human poses for energy efficient control of buildings [J]. Building and Environment，2019，162：106284.

[42] Na H S，Choi J H，Kim H S，et al. Development of a human metabolic rate prediction model based on the use of Kinect-camera generated visual data-driven approaches [J]. Building and Environment，2019，160：106216.

[43] 李晟，王大军，肖治术，等. 红外相机技术在我国野生动物研究与保护中的应用与前景 [J]. 生物多样性，2014，22 (06)：685-695.

[44] Swann D E，Hass C C，Dalton D C，et al. Infrared-triggered cameras for detecting wildlife：an evaluation and review [J]. Wildlife Society Bulletin，2004，32 (2)：357-365.

[45] McManus C，Tanure C B，Peripolli V，et al. Infrared thermography in animal production：An overview [J]. Computers and Electronics in Agriculture，2016，123：10-16.

[46] Maia A P A，Oliveira S R M，Moura D J，et al. A decision-tree-based model for evaluating the thermal comfort of horses [J]. Scientia Agricola，2013，70：377-383.

[47] Yanmaz L E，Okumus Z，Dogan E. Instrumentation of thermography and its applications in horses

[J]. Journal of Animal & Veterinary Advances，2007，6（7）：858-62.

[48] Soerensen D D，Pedersen L J. Infrared skin temperature measurements for monitoring health in pigs：a review [J]. Acta Veterinaria Scandinavica，2015，57（1）：1-11.

[49] Zhang Z，Zhang H，Liu T. Study on body temperature detection of pig based on infrared technology：A review [J]. Artificial Intelligence in Agriculture，2019，1：14-26.

3 微变放大与深度学习

3.1 微变放大基本原理

世界上存在着大量的人类无法自主感知的信号和信息。因为人类的视觉感知存在有限的感知域，所以对于超出感知域的变化，我们是无法用肉眼进行观察的，然而这些无法感知的信号可能蕴含着十分重要的信息。例如，人体的血液循环在皮肤上产生的颜色变化、风吹过吊车所产生的微小抖动、桥梁因压力发生的细微形变等，我们需要借助特定的仪器工具才能检测出这些物理量的大小。为了方便观察物体的微小变化，微变放大技术应运而生。

随着计算机视觉技术的发展，实现对视频影像中微小变化的放大成了众多学者研究的方向。微变放大的核心思想是将视频帧的内容分离为两类，一类是微小运动变化的部分，另一类是不变的部分，然后将运动变化的部分采用相关方法进行放大，再将这两部分进行重新组合，最终实现对视频影像中微小变化的放大。近年来，相继有学者针对微变放大技术开展了相关工作。纵观已有的各类方法，主要从拉格朗日方法和欧拉方法两个角度来获取影像的变化部分，然后实现对变化部分的放大。除了这两种基本方法外，还有使用深度神经网络对视频中的微小运动进行提取、放大、重建等操作。

3.2 拉格朗日方法

2005 年，Liu[1] 等提出了一种基于拉格朗日方法的运动放大算法，用于实现影像的运动放大。拉格朗日方法就是从跟踪图像中感兴趣像素的运动轨迹角度着手分析，其基本原理是流体动力学中的拉格朗日运动分析。这种运动分析方式主要是通过光流等技术来对粒子进行跟踪，观察其随时间的运动。在拉格朗日方法中，每个像素都可以沿着它运动的轨迹进行跟踪。给定二维平面上的位移 (u,v)，每个像素都可以被追踪到先前位置。

$$I_{t+1}(x,y,t) = I_t(x+u,y+v,t) \tag{3-1}$$

Liu[1] 等使用拉格朗日方法将视频放大的过程分为以下步骤，分别是图像配准、对特征点轨迹进行跟踪聚类、将运动进行分割、运动放大与视频渲染。接下来将详细描述各个步骤的具体流程。

3.2.1 图像配准

使用拉格朗日方法进行微小运动放大时，首先将影像在时序上进行分割，以获得图像帧。为了避免因为相机抖动产生的微小形变被放大，所以需要对获取的图像进行配准。Liu[1] 假设输入的图像帧主要是静态画面，然后搜索图像中的特征点并去除离群点，最后跟踪特征点，找到帧与帧之间的最佳仿射变换，从而对输入图像序列进行配准。图像的配准是为了减少和消除影响运动的不相关因素，保证后续进行放大的微小运动是目标运动。

3.2.2　跟踪聚类

为了在放大微小运动的同时不割裂连贯的目标，需要对运动目标进行分类。Liu[1] 等先计算出所有图像帧上的特征点，然后按照输入图像序列的顺序，对每个特征点的轨迹进行跟踪，最后对轨迹相似的特征点进行聚类。其中有一组是背景类特征点，这一组的特征点是不随时间变化的特殊特征点。轨迹相关性的运算对于整体动作在一定程度上是不变的，因此能够消除运动目标因瞬时运动幅度增大而导致的聚类效果不理想的状况。

3.2.3　分割

根据跟踪聚类的特征点轨迹，对相同的微小运动目标进行分层表示，将每一帧的每一个像素点分配到其相应的一类运动层。Liu[1] 定义了一个用于解决图像分割的马尔可夫随机场，根据像素颜色、像素位置、像素运动对每个像素进行聚类分配，将每个像素轨迹分配给其最合适的指定类。

3.2.4　运动放大与视频渲染

在对运动目标进行分割后，可以指定一个运动层进行放大。将像素群中每个像素的位移乘以指定的放大倍率，放大倍率一般为4~40倍。

对目标运动进行放大后，图像上会出现黑色空洞，所以需要渲染放大后的图像帧序列。因为所有帧的背景层是不变的，所以首先渲染背景层。纹理填充算法需要根据邻近像素内容进行空洞的纹理填充，使得对微小运动进行放大后的图像更加自然。

因为人类具有独特的视觉注意力机制，即通过快速扫描全局图像，获得需要重点关注的目标区域，继而在该区域投入更多的注意力，以获取更多的细节信息，而抑制其他无用的信息。因此，像素跟踪聚类、图像分割等全局操作在实际上并不符合生物学机制[2]。Le 等[3] 提出了全局拉格朗日运动放大（GLMM），该方法结合了多通道梯度模型（McGM）和主成分分析法（PCA），由McGM确定放大系数，PCA来学习图像帧中的统计优势位移，同时去除噪声和不重要的微小运动。

与Liu等的拉格朗日微变放大算法相比，GLMM在McGM中采用了多个一阶和二阶滤波器，所以GLMM的算法复杂程度高，但是它产生的运动矢量却更平滑、更密集[2]。尽管GLMM在计算方面不够简便，但它更符合神经生理学机制。

3.3　欧拉方法

3.3.1　基于振幅的欧拉视频放大算法

2012年，Wu等[4] 从欧拉方法着手提出了欧拉视频放大算法（eulerian video magnification，EVM），以实现对于影像的运动放大。不同于拉格朗日方法，欧拉方法不再聚焦于跟踪运动的像素点的变化轨迹，而是将影像序列中的像素看成是时间和空间上的函数，以此来研究空间上的像素随时间变化的问题。其流程具体如下：

1. 对影像序列进行空间滤波，一般可以使用高斯金字塔或者拉普拉斯金字塔来实现图像的多分辨率分解，经过处理可以得到不同空间频率的图像。对视频序列进行空间滤波处理，一方面有助于减少噪声影响，另一方面也有助于对图像信号的逼近。

2. 使用时域带通滤波器对每个空间频带上的图像进行滤波处理，根据所需要放大信号的频率区间来选择相应的带通滤波器。

3. 将需要放大的信号与放大因子 α 相乘得到放大后的信号，并与滤波后的信号进行叠加。

4. 进行金字塔重构，得到最终放大后的影像。

Wu 以一维信号的平移运动为例，解释了时间处理和运动放大之间的关系。$I(x, t)$ 表示图像在位置 x 和时间 t 处的强度，由于图像进行平移运动，可以用位移函数 $\delta(t)$ 来表示观测到的强度，这样 $I(x, t) = f[x + \delta(t)]$，$I(x, 0) = f(x)$，放大因子为 α，运动放大的目的是合成信号：

$$\hat{I}(x,t) = f[x + (1+\alpha)\delta(t)] \tag{3-2}$$

假设这个信号可以用一阶泰勒级数展开，那么可以得到关于 x 的一阶泰勒展开式：

$$I(x,t) \approx f(x) + \delta(t)\frac{\partial f(x)}{\partial x} \tag{3-3}$$

然后假设使用带通滤波器提取出了除原信号以外的所有信号，那么提取出的信号用下式表示：

$$B(x,t) = \delta(t)\frac{\partial f(x)}{\partial x} \tag{3-4}$$

然后用 α 放大带通信号，并将其加回 $I(x, t)$，得到处理后的信号：

$$\widetilde{I}(x,t) = I(x,t) + \alpha B(x,t) \tag{3-5}$$

结合式（3-3）、式（3-4）与式（3-5）得：

$$\widetilde{I}(x,t) \approx f(x) + (1+\alpha)\delta(t)\frac{\partial f(x)}{\partial x} \tag{3-6}$$

根据一阶泰勒展开式可得到最终输出：

$$\widetilde{I}(x,t) \approx f[x + (1+\alpha)\delta(t)] \tag{3-7}$$

这表明局部图像 $f(x)$ 在 t 时刻的空间位移 $\delta(t)$ 被放大到 $(1+\alpha)\delta(t)$。

若假设位移函数 $\delta(t)$ 不完全在时间滤波器的带通内，可将 $\delta(t)$ 用不同的时间谱分量 $\delta_k(t)$ 表示。再通过滤波器后，每个 $\delta_k(t)$ 将被 γ_k 因子的时间滤波所衰减。这样就会产生一个带通信号 $B(x, t)$：

$$B(x,t) = \sum_k \gamma_k \delta_k(t)\frac{\partial f(x)}{\partial x} \tag{3-8}$$

将式（3-8）与式（3-4）相比可知，这种时间频率相关的衰减可以看成与频率相关的运动放大因子，即 $\alpha_k = \gamma_k\alpha$，导致运动放大输出：

$$\widetilde{I}(x, t) \approx f\left[x + \sum_k (1+\gamma_k\alpha)\delta_k(t)\right] \tag{3-9}$$

那是否能够一直增大放大因子，使得微小运动得到无限制的放大呢？答案是否定的，Wu 的实验结果表明一旦设置的放大系数较大，超过一定的范围时，就会造成失真。以下是其证明过程：

对于空间频率 ω，使 $f(x)=\cos(\omega x)$，$\beta=1+\alpha$，经过欧拉视频放大算法后得到：

$$\cos(\omega x)-\beta\omega\delta(t)\sin(\omega x)\approx\cos[\omega x+\beta\omega\delta(t)] \qquad (3\text{-}10)$$

根据三角函数公式可得：

$$\cos(\omega x)-\beta\omega\delta(t)\sin(\omega x)=\cos(\omega x)\cos[\beta\omega\delta(t)]-\sin(\omega x)\sin[\beta\omega\delta(t)] \qquad (3\text{-}11)$$

因此

$$\cos[\beta\omega\delta(t)]\approx 1 \qquad (3\text{-}12)$$

$$\sin[\beta\omega\delta(t)]\approx\beta\delta(t)\omega \qquad (3\text{-}13)$$

根据方程的小角度近似，$\beta\omega\delta(t)\leqslant\dfrac{\pi}{4}$ 时，式（3-12）和式（3-13）的误差将保持在 10% 以内。根据移动信号的空间波长 $\lambda=\dfrac{2\pi}{\omega}$，得到：

$$(1+\alpha)\delta(t)<\frac{\lambda}{8} \qquad (3\text{-}14)$$

式（3-14）给出了最大的运动放大因子 α，与给定视频运动 $\delta(t)$ 和图像结构空间波长 λ 的关系表达式。

3.3.2 基于相位的欧拉视频放大算法

3.3.2.1 基本原理

基于振幅的欧拉视频放大算法的最大优点是，它能够独立地处理每个像素，而无需明确地计算运动。然而，对一阶近似的依赖限制了它的范围，且线性放大的使用又增加了噪声功率[5]。

2013 年，Wadhwa 等受到基于相位的光流场的启发[6]，使用可操作的复杂金字塔提出了基于相位的欧拉视频放大算法[7]。该算法在放大运动的同时不会放大噪声，仅仅只是对噪声进行了平移，从而使放大效果得到进一步提升。

对于在一段时间内只发生过全局运动的视频，可以将其表示为傅里叶级数。傅里叶级数的基函数是复值正弦函数，根据傅里叶移位定理，可以通过移动它们的相位进行精确地平移。然而，使用傅里叶级数具有一定的限制，即只能处理整个坐标系中的相同位移变化，无法放大多种位移组合后的复杂运动。为了解决这一问题，Wadhwa 使用了复杂可控金字塔分解，通过空间局部复正弦曲线，将图像分解成对应于不同尺度、方向和位置，同时具有局部振幅和相位的复杂小波之和的图像[5]。以下是 Wadhwa 为方便解释如何使用相位对运动进行放大而做出的简单证明。

设图像强度为 $I(x,t)=f[x-\delta(t)]$，其中 $\delta(0)=0$，使用傅里叶变换将 $f(x)$ 进行分解：

$$f(x)=\sum_\omega A_\omega e^{i\phi_\omega}e^{-i\omega x} \qquad (3\text{-}15)$$

由于 $I(x,t)$ 是 $f(x)$ 在坐标系上经过平移后得到的结果，所以它们的傅里叶变换只在相位上产生变化：

$$I(x, t) = \sum_\omega A_\omega e^{i\phi_\omega} e^{-i\omega[x-\delta(t)]} = \sum_\omega A_\omega e^{i[\phi_\omega+\omega\delta(t)]} e^{-i\omega x} \tag{3-16}$$

其中，相位变为 $\phi_\omega + \omega\delta(t)$。如果用 t 时刻的相位减去 0 时刻的相位，就得到相位差：

$$\omega\delta(t) \tag{3-17}$$

相位差与平移量成正比。将相位差乘以放大因子 α，并用它来对 $I(x, t)$ 的傅里叶系数进行相移：

$$\sum_\omega A_\omega e^{i[\phi_\omega+(1+\alpha)\omega\delta(t)]} e^{-i\omega x} = f[x-(1+\alpha)\delta(t)] \tag{3-18}$$

在对全局运动进行放大时，基于相位的欧拉视频放大算法表现优异，是由于傅里叶变换将图像分解为了正弦曲线组合的表现形式。然而，在大多数情况下，视频中可能存在着多个局部运动。因此，有必要使用复杂可控金字塔将图像分解成局部正弦曲线[5]。

3.3.2.2 复杂可控金字塔

复杂可控金字塔是一种线性多尺度、多方向的图像分解器，其理论依据是金字塔分解和微分求导都具有线性和移相不变性[8,9]。图像通过复杂可控金字塔的线性分解，将其分解为一系列不同尺度、方向的图像子带，相对应的基函数则是依据分解顺序的高阶导数。

复杂可控金字塔分解的基函数类似于一个由高斯包络线窗化的定向复正弦，且由一个实偶对称部分和虚奇对称部分组成[5]。复正弦在频率上具有局部性，窗口在空间上具有局部性，因此基函数就具备了局部振幅和局部相位的性质[5]。

3.4 深度学习

2018 年，Oh 等[10] 提出了一种基于学习的运动放大算法，他们舍弃了传统人工设计过滤器的方式，采用了深度卷积神经网络（CNN）来学习，随后被用于放大运动的滤波器。这种方法在实现高质量放大的同时减少了振铃伪影，并具有较好的噪声特性。

该方法设计了一个网络，主要由三个部分组成：空间分解滤波器、运动表示调制器和重构滤波器。该网络使用两幅连续的影像帧作为输入来简化训练，并将所需进行放大处理的差异作为目标。

基于深度学习的微变放大的目标依旧是将图像在位置 x 和时间 t 处的强度 $I(x, t) = f[x+\delta(t)]$ 中的微小位移 $\delta(t)$ 放大 α 倍，得到式（3-2）。在实际应用中，用户可能需要放大特定的信号 $\tilde{\delta}(t)$，这时候就需要一个时域带通滤波器 T 对信号进行筛选，$\tilde{\delta}(t) = T[\delta(t)]$。先前无论是基于拉格朗日方法或欧拉方法的微变放大算法都依赖于人为设计的滤波器，而 Oh 等设计的方法则是使用深度学习算法，使模型自动学习一组滤波器，提取和操作运动信号 $\delta(t)$，最后输出放大后的图像帧。

为了简化训练，假设只考虑一个简单的两帧输入情况。设 X_a 和 X_b 是带有微小运动位移的连续两帧图像，以及一个 X_b 相对于 X_a 的微小运动被放大后的帧 Y。虽然这个简化的假设失去了运动的时间方面的意义，但网络学习了一个关于位移的线性表示。

该网络由三部分组成：编码器 G_e、调制器 G_m 和解码器 G_d。编码器充当一个空间分解滤波器，提取运动表示。调制器从编码器处获得运动表示并将其进行放大。解码器将对放大后的运动进行帧重构，输出微小运动放大后的图像。

为了使编码器和解码器能够在任意分辨率下进行操作，同时能够使残差块生成高质量的输出，Oh 将编码器和解码器设计为完全卷积。为了减少内存占用和增加接受域，在编码器开始时向下采样，在解码器结束时向上采样。使用步长为 1 的卷积进行下采样，使用最近邻上采样。

编码器具有两个输出，一个是运动信息，另一个是视觉信息，类似于可操控金字塔分解的振幅。将编码器的视觉输出和运动输出分别表示为 $V = G_{e,\,visual}(X)$ 和 $M = G_{e,\,motion}(X)$。调制器的工作原理是取两个给定帧运动表示的差值，然后直接乘以一个放大因子 α。即：

$$G_m(M_a,\ M_b,\ \alpha) = M_a + \alpha(M_b - M_a) \tag{3-19}$$

然而，在实际训练中，调制器可以对差值进行非线性运算，使得结果的质量有所提高，具体如下所示：

$$G_m(M_a,\ M_b,\ \alpha) = M_a + h[\alpha \cdot g(M_b - M_a)] \tag{3-20}$$

g 是 3×3 卷积操作后加上 ReLU 函数的操作模块，h 是 3×3 卷积操作后加上残差块的操作模块。

Oh 等使用端到端的方式训练整个网络，并使用 L_1 损失函数计算模型输出 $\hat{Y}$ 和真实值 Y 之间的误差。为了推动视觉表征和运动表征的分离，Oh 对某些帧的强度加入扰动，并期望被扰动的帧的视觉表征相同，而运动表征保持不变。这就相当于创建了扰动帧 X'_b 和 Y'，以及在 V'_b 和 V'_Y、V_a 和 V_b、M'_b 和 M_b 之间增加了损失函数[10]。因此整个网络的损失函数如下所示：

$$Loss = L_1(Y,\ \hat{Y}) + \lambda(L_1(V_a,\ V_b) + L_1(M_b,\ M'_b)) \tag{3-21}$$

通过最小化式（3-21）来训练整个网络，其中 λ 为正则化权重。

本章参考文献

[1] Liu C，Torralba A，Freeman W T，et al. Motion magnification [J]. ACM Transactions on Graphics (TOG)，2005，24（3）：519-526.

[2] Le NgoA C，Phan R C W. Seeing the invisible：Survey of video motion magnification and small motion analysis [J]. ACM Computing Surveys (CSUR)，2019，52（6）：1-20.

[3] Le NgoA C，Johnston A，Phan R C W，et al. Micro-expression motion magnification：Global lagrangian vs. local eulerian approaches [C]. 2018 13th IEEE international conference on automatic face & gesture recognition (FG 2018). Xi'an，China，2018：650-656.

[4] Wu H Y，Rubinstein M，Shih E，et al. Eulerian video magnification for revealing subtle changes in the world [J]. ACM Transactions on Graphics (TOG)，2012，31（4）：1-8.

[5] Wadhwa N，Wu H Y，Davis A，et al. Eulerian video magnification and analysis [J]. Communications of the ACM，2016，60（1）：87-95.

[6] Gautama T，VanHulle M A. A phase-based approach to the estimation of the optical flow field using spatial filtering [J]. IEEE Transactions on Neural Networks，2002，13（5）：1127-1136.

[7] Wadhwa N，Rubinstein M，Durand F，et al. Phase-based video motion processing [J]. ACM Transactions on Graphics (TOG)，2013，32（4）：1-10.

［8］Simoncelli E P，Freeman W T. The steerable pyramid：A flexible architecture for multi-scale derivative computation ［C］. Proceedings，International Conference on Image Processing. Washington，DC，United States，1995，3：444-447.

［9］Simoncelli E P，Freeman W T，Adelson E H，et al. Shiftable multiscale transforms ［J］. IEEE Transactions on Information Theory，1992，38（2）：587-607.

［10］Oh T H，Jaroensri R，Kim C，et al. Learning-based video motion magnification ［C］. Proceedings of the European Conference on Computer Vision（ECCV）. Munich，Germany，2018：633-648.

4 基于皮肤纹理的热舒适检测

4.1 皮肤温度与热舒适

20 世纪下半叶，Fanger 在前人的基础上对人体热舒适性进行了深入的探索，建立了经典的稳态热舒适理论[1]。之后人们对热舒适性进行了大量的研究，人体热舒适是一种主观感受，它取决于人体与环境的相互作用。常用的环境测量方法是一种客观获得热环境状态的方法[2]，在这种方法中，通常需要测量一些客观参数，如室内温度、湿度、辐射温度和气流速度。环境测量方法的目标通常是营造满足大多数室内居住者的热舒适需求的环境。由于热环境在空间上的非均匀性，某些传感器所在位置测得的热环境参数不能代表其他位置的热环境状态。随着互联网的发展，在线问卷调查代替了早期的纸质问卷[3,4]。虽然问卷调查能够了解受试者内心冷热感受，但由于问卷调查需要受试者持续且频繁地配合，因此很难保证受试者给出的真实热感觉反馈不受影响[5]。一些研究者对人体热生理测量方法进行了研究，包括接触测量法、半接触测量法和非接触测量法。

4.2 NIST 模型

4.2.1 背景

人体热生理信号例如皮肤温度，它可以反映人体的热感觉，但需要进行长期测量。对于皮肤温度的测量，传统方法是将 i-Button 等测量传感器的体积缩小，并且将测量传感器安装在眼镜等可穿戴设备上。同时，红外热成像技术也已尝试实现非接触式测量。如果普通的计算机摄像头能够记录图像，从而获得人体热生理信号，则会更加方便有效。在这项研究中，通过 i-Button 传感器测量手背部的皮肤温度，该部位不仅血管密度高，而且通常没有被衣服覆盖。通过放大普通相机记录的图像来分析肉眼无法看到的皮肤温度变化。i-Button 传感器测量结果与图像放大结果的一致性，证明了利用图像放大技术进行非接触式测量的可能性。

肉眼不可见的变化可以通过图像放大来提取[6~11]。NIST 模型研究主要基于图像放大的手部皮肤温度非接触式测量技术，可用于暖通空调系统的需求控制。人类视觉系统具有时空敏感性阈值，有很多信息是人类视觉系统无法观察到的，所以需要放大技术。Liu 等[6] 提出了运动放大技术，该技术通过对特征点轨迹的鲁棒性分析来检测微小运动，并根据位置、颜色和运动的相似性对像素进行分割。微小运动分析的依据是时间的相关性。这项技术就如同显微镜一样，可以实现对微小运动的放大观察。一个可调参的卡通动画滤波器被证明可以同时为各种动作增加放大、预测、跟随、压扁和拉伸的效果[7]。基于视频成像和盲源分离，Poh 等[8] 提出心脏脉搏自动测量方法，将基于网络摄像头的视频提取结果与手指血容量脉冲传感器的结果进行比较。实验结果表明，该方法具有较高的精度，并且首次对人脸的红、绿、蓝（RGB）肤色信号进行了放大提取，采用独立分量分析去除噪声，分离心脏脉搏，实现了心脏脉搏测量的自动化。Fathy 等使用的飞利浦生命体征相机采用了一种生命体征摄像算法，该算法通过放大肤色变化率，实现了非接触式脉搏和呼吸频率的精确测量[9]。

4.2.2 模型简介

NIST（non-invasive detection method based on ST model），即基于 ST 模型的非接触式检测方法。

基于欧拉方法，Wu 等提出了欧拉视频放大算法（EVM）[11,12]。对单目视频序列进行欧拉时空处理，放大肉眼看不到的微小变化。EVM 算法可以分别放大空间通道和时间通道，适合于放大时间通道下图像像素的颜色变化。这是欧拉方法首次被应用于视频的颜色和运动放大。Wadhwa 等[13] 提出了一种基于相位的视频放大方法，克服了在高空间频率下只能支持较小放大因子的限制。Elgharib 等[14] 提出了一种基于分层的视频放大方法，可以在大运动范围内放大小运动。由于对时间通道下图像像素颜色变化的敏感性，NIST 模型的研究将使用 EVM 来关联皮肤温度和皮肤颜色饱和度，本书提出了皮肤温度与皮肤颜色饱和度之间的线性关系的研究假设。这是第一次使用视频放大的方法来确定皮肤温度和热感觉，可以用来控制暖通空调系统，实现非接触式测量。

4.2.3 研究方法

在私人办公室和开放式办公室，每名工作人员都可能需要使用个人电脑，通过电脑摄像机可以获取人体裸露皮肤的视频，通过视频放大技术可以分析肤色饱和度。实际应用的算法示意图如图 4-1 所示。在用户识别之后，确定每个用户的群组。在计算机数据库中记录不同群组的饱和温度（ST）模型。针对 NIST 模型的研究对东亚年轻女性的 ST 模型进行了分析。根据年龄、性别和种族分析不同群组的 ST 模型，进而开发不同群组的 ST 模型数据库。通过将肤色饱和度输入相应的 ST 模型，计算出用户的皮肤温度，以此作为暖通空调系统控制的反馈信号。具体步骤如下：

1. 用户识别：用户识别可以通过识别个人计算机用户账号、射频识别、指纹、人脸等个人信息来进行。

2. 在线学习：对于每个工位的个人计算机，可以对固定人员的 ST 关系进行采样和分析，这一过程称为初始化学习。通过视频放大和分析获得皮肤饱和度，并且可以通过固定人员的 ST 关系计算皮肤温度。因为 ST 关系是固定人员的皮肤饱和度和皮肤温度之间的关系，所以这是计算受试者皮肤温度最准确的方法。该方法可用于控制局部加热或冷却装置。对于开放式办公室和会议室，应将每个人的 ST 关系集成到一个 ST 模型中，以便集中控制 HVAC 系统。

人工定义颜色空间，用三个或四个自变量来描述颜色。常用的颜色空间包括 RGB（红色、绿色、蓝色）、CMYK（青色、洋红、黄色、黑色）、YUV（Y：亮度，UV：色度）、YIQ（Y：亮度、IQ：色调）和 HSV（色调、饱和度、明度）。不同的色彩空间有着不同的

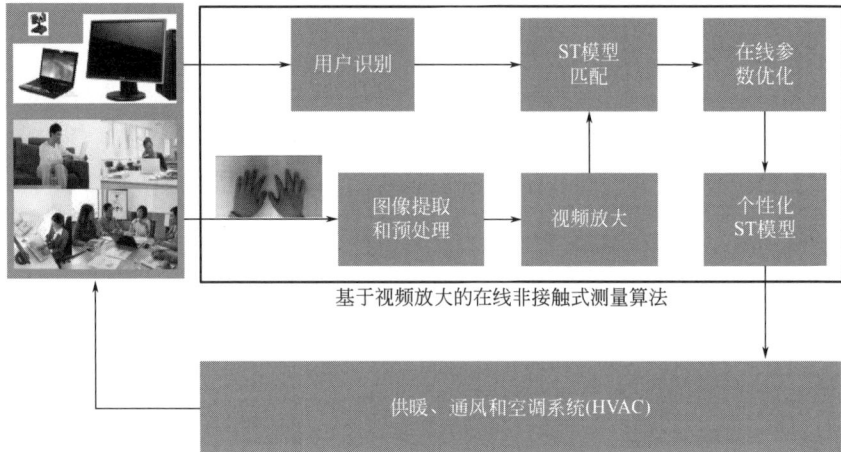

基于视频放大的在线非接触式测量算法

图 4-1　实际应用的算法示意图

优势和局限性。其中一些可以相互转换。HSV 的空间坐标轴呈倒六角锥状[15]。其中色调 H 表示色彩信息，取值范围是 $0°\sim360°$，以逆时针方向为正方向，$0°$是红色，$120°$是绿色，$240°$是蓝色，它们的互补色相差$180°$，分别是青色、品红以及黄色。明度 V 表示的是色调与黑色（零能量的颜色）的偏离程度。饱和度 S 表示的是某种颜色的纯度与其最大纯度的比值。饱和度的范围为 $0\sim1$，颜色越深，饱和度值越大。本研究的目的是寻找一种非接触式测量人体皮肤温度的方法，用于暖通空调系统的控制。对人脸肤色的 RGB 信号进行放大提取，分析心脏脉搏[8]。当皮肤温度升高时，毛孔扩张，皮肤变红，故肤色饱和度与皮肤温度有密切关系。但由于 RGB 无法反映饱和度，所以将在 HSV 颜色空间中做进一步分析。

在室内环境中，人们经常会受到热刺激，如空气流动加剧、辐射不对称、局部加热或冷却等。在这些热刺激下，局部皮肤温度会发生变化，反映出受试者热感觉的变化。在第一次试验中，对人的手进行强刺激，选取 16 名东亚青年女性作为研究对象，年轻女性受试者皮肤相对娇嫩，没有皮肤皱褶，对热刺激敏感。她们的人体测量数据如表 4-1 所示。

人体测量数据（均数±标准差）　　　　　　　　　　　　表 4-1

性别	样本量	年龄（岁）	身高（m）	体重（kg）	BMI（kg/ m²）
女性	16	23.9 ± 3.9	1.62 ± 0.05	52.2 ± 6.5	19.9 ± 2.2

实验在一个精确控制温度和湿度的室内环境进行。通过 HOBO 温度、相对湿度、光数据记录仪，以 1min 的采样间隔连续测量干球湿度和相对湿度 RH，在$-20\sim70℃$测量范围，$\pm0.35℃$干球温度的不确定度；$5\%\sim95\%$的测量范围，$\pm2.5\%$的 RH 不确定度。静风状态，辐射温度接近干球温度。实验条件见表 4-2。

实验条件　　　　　　　　　　　　表 4-2

目标干球空气温度（℃）	实际干球空气温度（℃）	目标相对湿度（%）	测量相对湿度（%）
22	22.2 ± 0.2	40	36.9 ± 2.5

实验时间为 60min（实验的程序见图 4-2），要求受试者在实验开始前 10min 到达实验室。脱去外套后，衣服的热阻保持在 1clo 左右。当受试者刚进入房间并就座时，要求填写有关人

体测量数据的调查问卷。热适应 10min 后，将手浸入 45℃ 恒温水中，并保持 10min，擦干手后立即在手背粘贴 i-Button 传感器，采用 i-Button（型号为 DS1921H，Maxim 集成公司，美国加利福尼亚州圣何塞）以 1min 采样间隔连续测量手背皮肤温度 50min，使用－30～70℃测量范围，±0.125℃皮肤温度的不确定度。视频由手机摄像头（型号为 G750-T00，720P（1280×720），华为，中国深圳）录制 50min。对每分钟采样间隔对应的图像进行提取和分析。利用 Matlab 编程实现视频放大。受试者保持静坐，代谢率约为 1.1met。

图 4-2 实验的程序

4.2.4 ST 模型

模型首先对皮肤温度采样，将采样的帧表示成向量。

$$V=\{f_1,\ f_2,\ \cdots\cdots,\ f_n\} \tag{4-1}$$

式中，V 是手部皮肤取样的视频；f 是视频图像的帧；n 是采样时间。如上所述，饱和度是 HSV 颜色空间中表示颜色深度的参数。本书提出肤色饱和度与皮肤温度存在线性关系的研究假设。

$$T=aS+b \tag{4-2}$$

式中，T 是皮肤温度；S 是肤色饱和度。其中，$T=\{T_1,\ T_2,\ \cdots\cdots,\ T_n\}$，类似地，$a$ 和 S 为向量。如果主体数为 m，则式（4-2）可以表示为

$$\begin{bmatrix} T_{11} & T_{12} & \cdots\cdots & T_{1m} \\ T_{21} & T_{22} & \cdots\cdots & T_{2m} \\ \vdots & \vdots & \ddots & \vdots \\ T_{n1} & T_{n2} & \cdots & T_{nm} \end{bmatrix} = \begin{bmatrix} a_{11} & a_{12} & \cdots\cdots & a_{1n} \\ a_{21} & a_{22} & \cdots\cdots & a_{2n} \\ \vdots & \vdots & \ddots & \vdots \\ a_{n1} & a_{n2} & \cdots & a_{nm} \end{bmatrix} \times \begin{bmatrix} S_{11} & S_{12} & \cdots\cdots & S_{1m} \\ S_{21} & S_{22} & \cdots\cdots & S_{2m} \\ \vdots & \vdots & \ddots & \vdots \\ S_{n1} & S_{n2} & \cdots & S_{nm} \end{bmatrix} + \begin{bmatrix} b_{11} & b_{12} & \cdots\cdots & b_{1m} \\ b_{21} & b_{22} & \cdots\cdots & b_{2m} \\ \vdots & \vdots & \ddots & \vdots \\ b_{n1} & b_{n2} & \cdots & b_{nm} \end{bmatrix} \tag{4-3}$$

由于皮肤温度引起的皮肤颜色饱和度变化非常微弱，为了表征饱和信号，引入了 EVM 算法[11]。

$$\hat{S}(x,\ y,\ t)=(1+\alpha)S(x,\ y,\ t)+\varphi(x,\ y,\ t) \tag{4-4}$$

式中，$\hat{S}$ 是放大后的肤色饱和度；S 是放大前的肤色饱和度；$(x,\ y)$ 是空间坐标；t 是时间；α 是放大系数；φ 是高斯噪声。$S(x,\ y,\ t)$ 是图像在位置 $(x,\ y)$ 和时间 t 的饱和度。算法中假设它服从高斯噪声，并通过滤波去除高斯噪声。算法的详细内容如表 4-3 所示。

绝对误差（E_{abs}）介绍如下。

$$E_{abs}=T'-T \tag{4-5}$$

式中，T' 是用该算法计算的皮肤温度；T 是测量后的皮肤温度。

采用电荷耦合器件的相机在拍摄图像时，由于光照强度和相机传感器温度等因素，会产生诸如椒盐噪声等高频噪声。为了保证精度，进行降噪处理，采用了顺序统计滤波器中的

中值滤波方法,对一些随机噪声,特别是椒盐噪声[16] 有很好的去噪能力。发布在麻省理工学院网站上的视频放大程序被用于实验,同时对程序中的某些参数进行微调。当视频中的有效信息被放大时,噪声也会被放大。再次使用中值滤波器以保证准确性。分别从RGB空间和HSV空间对六种颜色参数进行分析。从一个颜色空间提取颜色参数后,将信息保存在一个数值矩阵中。皮肤颜色饱和度是描述图像中颜色纯度和信号强度的指标,与皮肤温度有较强的相关性。

基于视频放大的在线非接触测量算法

表 4-3

算法:基于视频放大的在线非接触测量算法
输入:手动视频样本,16×3000s×30 帧每秒(fps)
输出:16 个个性化 ST 模型
初始化:参数的初值
第一步:逐层训练和模型构建
(1)去除高频噪声;
(2)对视频进行放大处理并重新滤波;
(3)搜索感兴趣区域,提取饱和度等信息;
(4)构建并优化成本函数,构建 ST 模型($T=as+b$);
(5)计算所有受试者的斜率中值。
第二步:监督学习和模型优化
(1)个性化数据矩阵导入,视频放大滤波处理;
(2)基于梯度优化,采用反向传播方法自上而下微调模型参数;
(3)获取个性化点和 ST 模型

4.2.5 实验结果

热刺激 10min 后,以 30 帧/s 的速度录制手背视频 50min,共 90000 帧,分辨率为 1280×720。使用 i7-5500U CPU、16G RAM 和 8G 显存的个人电脑。利用 Matlab 编程实现视频放大。在 EVM 算法中,放大系数为 10,空间频率截止系数为 16,chrom 衰减为 0.1,低通滤波器参数分别为空间低通滤波器截止频率 0.4、时间低通滤波器截止频率 0.05。图 4-3 显示了 16 名受试者手背的原始图像和放大图像。90000 帧经过视频放大处理,找到感兴趣区域,提取肤色饱和度信息。基于 1800 帧的图像(30fps×60s),对应于 1min 的手背皮肤温度采样间隔,提取 1min 内手背皮肤颜色饱和度的平均值。

图 4-4 中显示了热刺激后 16 名受试者手背皮肤颜色饱和度的变化,呈下降趋势。

图 4-5 中显示了热刺激后 16 名受试者手背皮肤温度的变化,与图 4-4 中受试者手背皮肤颜色饱和度的下降趋势相似。

在图 4-6 中绘制了 50 个离散点。以手背皮肤颜色饱和度为 x 轴,手背皮肤温度为 y 轴。50 个离散点的变化趋势用线圈表示。采用线性回归,直线表示个性化 ST 模型。部分个性化 ST 模型的斜率采用 16 个斜率 [80.5,……,178.2] 的中位数 96.5,该模型表示为式(4-6)。由于使用了斜率中值,因此该方程应称为部分个性化 ST 模型。在样本量较大的进一步试验中,斜率中值可能略有变化。每个受试者使用的个性化点,在没有任何热刺激的情况下,在常温下获得(在这个实验里是 22℃)。加入三角形的直线为部分个性化 ST 模型。将直线与加入三角形的直线对比,图 4-6(1,8,9,10,14)中三条线段匹配最佳,且图 4-6(2,3,5,7,12,16)中三条线段匹配良好。

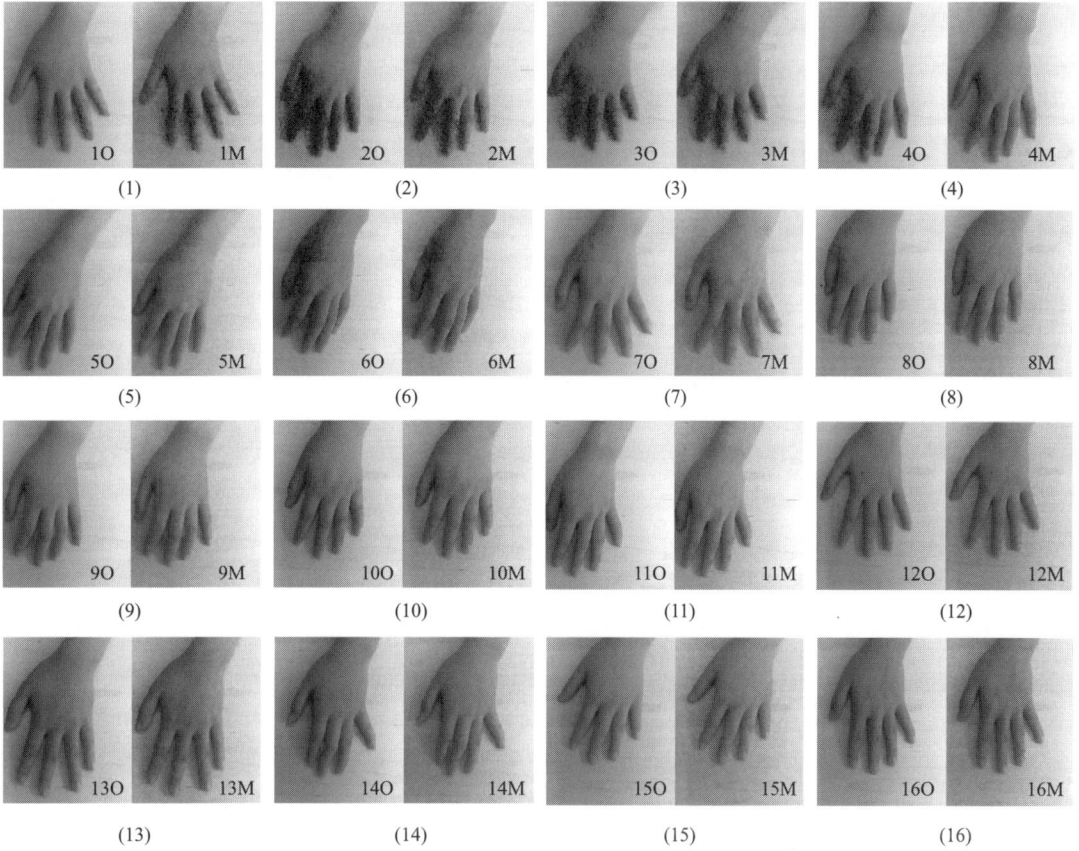

图 4-3　16 名受试者的手背（O：原始图像；M：放大图像）

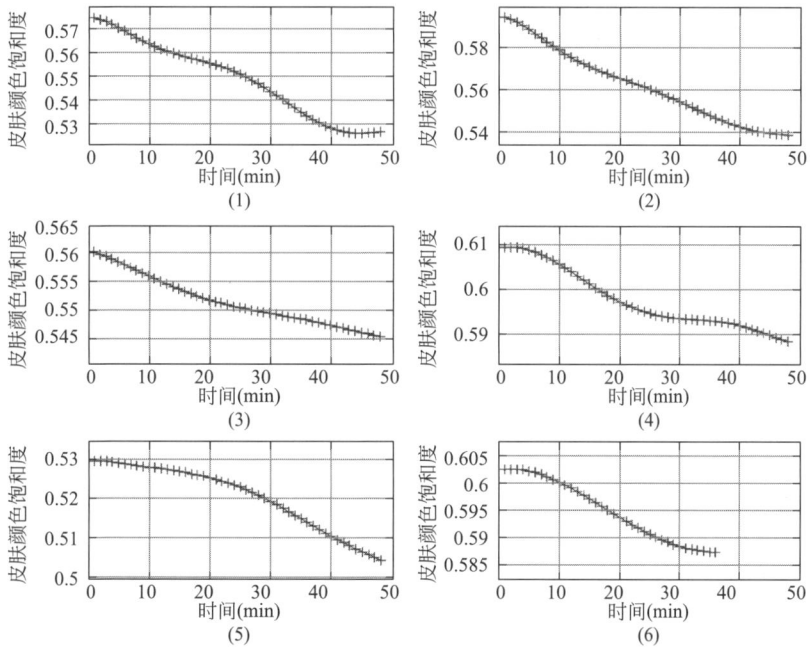

图 4-4　热刺激后 16 名受试者手背皮肤颜色饱和度变化（一）

27

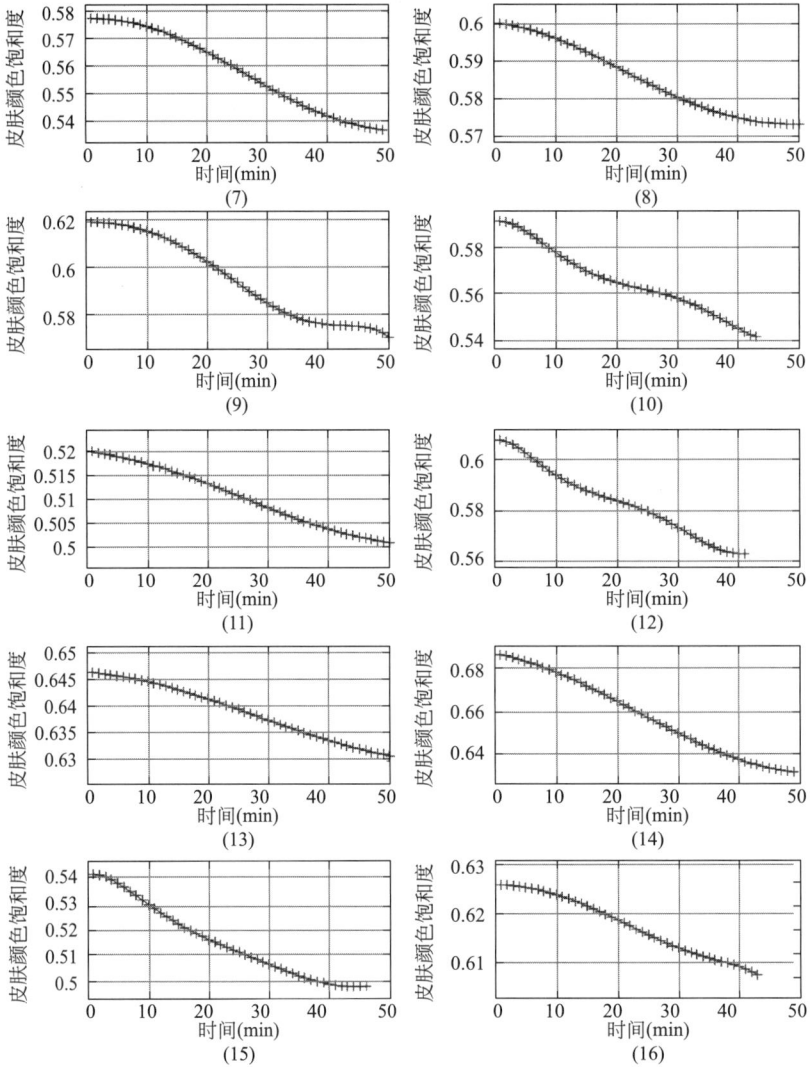

图 4-4　热刺激后 16 名受试者手背皮肤颜色饱和度变化（二）

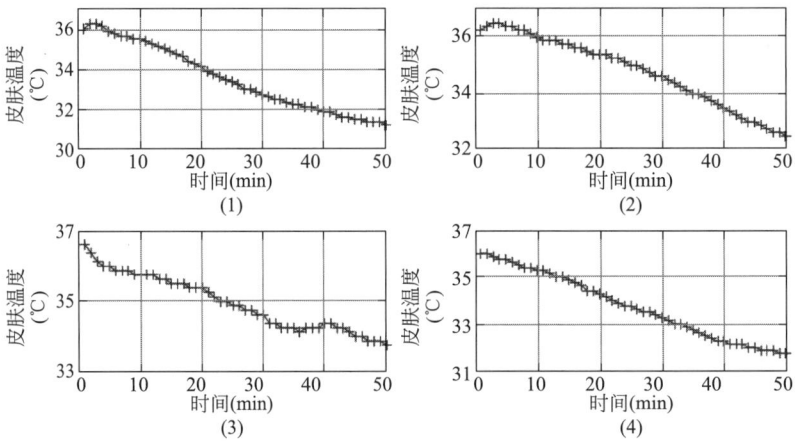

图 4-5　热刺激后 16 名受试者手背皮肤温度变化（一）

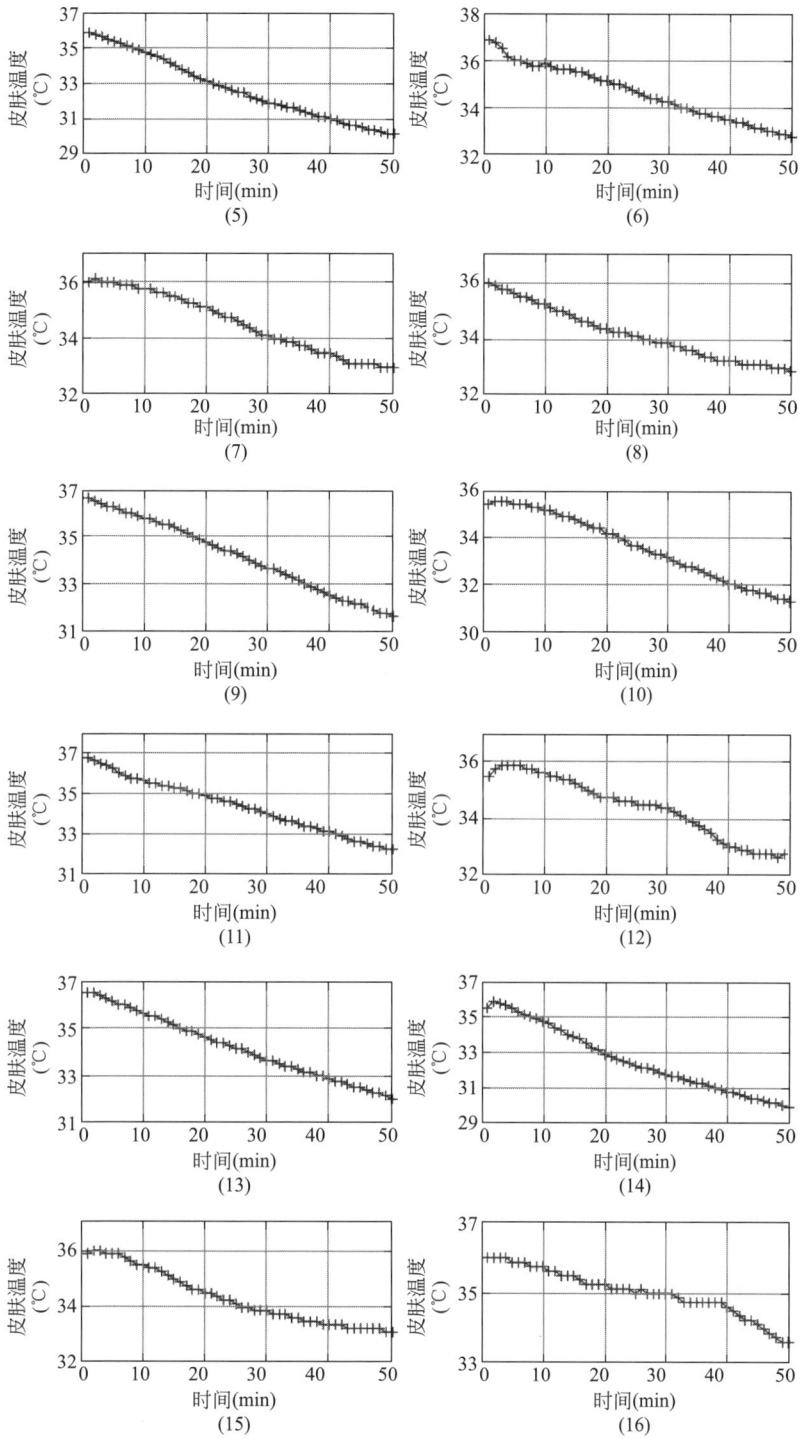

图 4-5 热刺激后 16 名受试者手背皮肤温度变化（二）

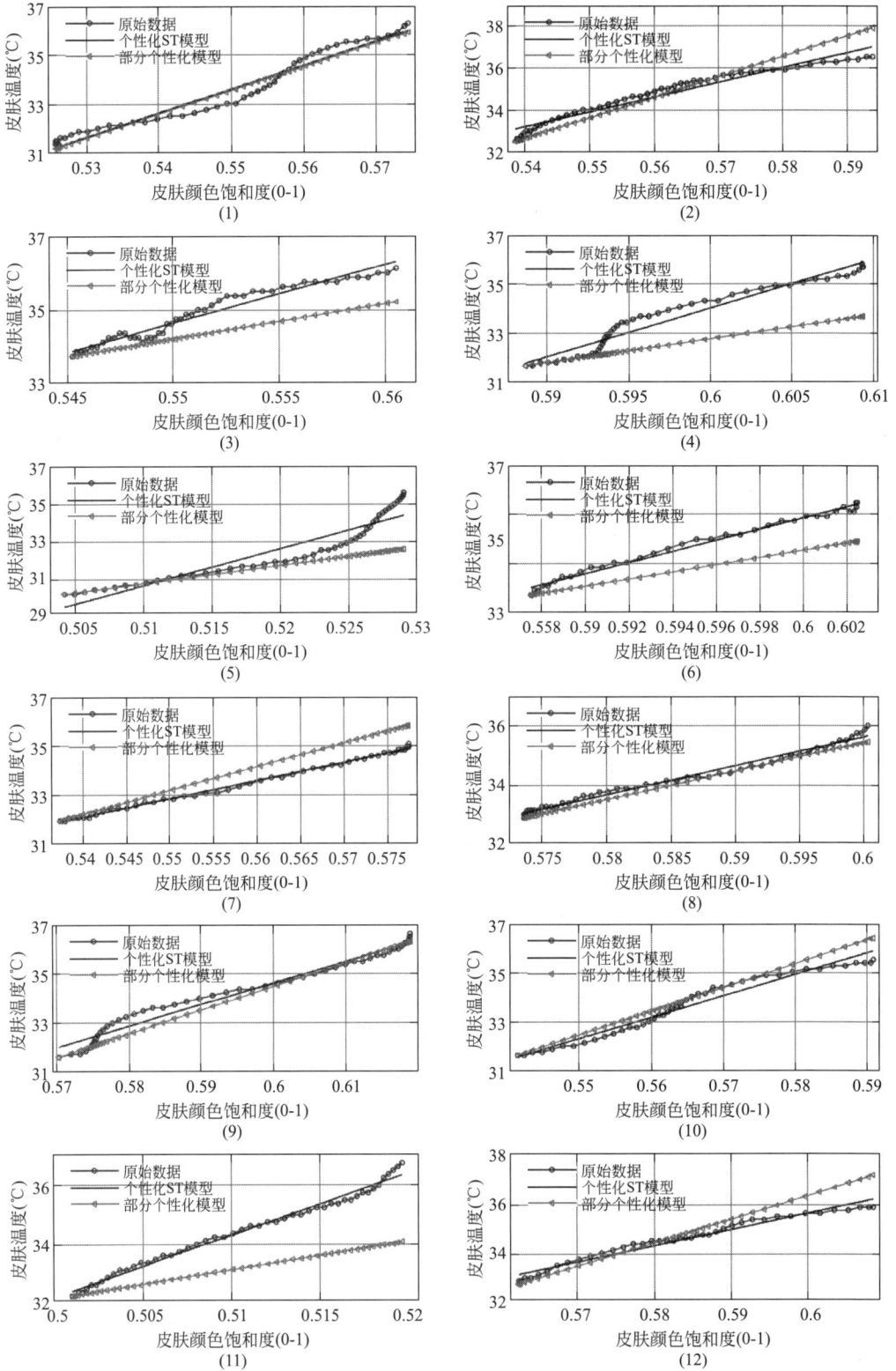

图 4-6 皮肤颜色饱和度与皮肤温度的回归分析（一）

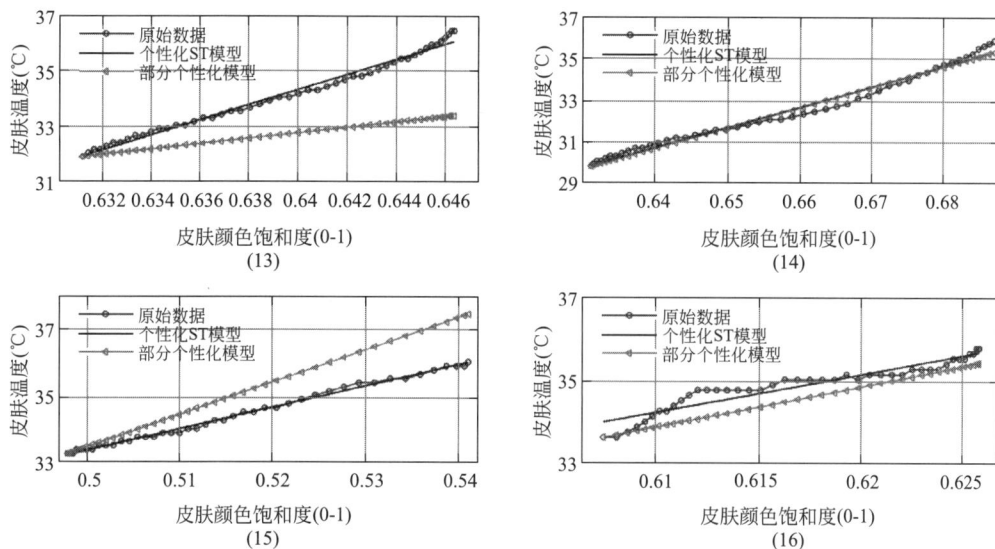

图 4-6 皮肤颜色饱和度与皮肤温度的回归分析（二）

4.3 NIPST 模型

4.3.1 模型的简介

NIPST（non-invasive personal detection method based on ST model），即基于 ST 模型的非接触式个人检测方法。

根据前文所述线性回归得到斜率向量 $[a_1, a_2, \cdots\cdots, a_{16}]$，中位数为 96.5。部分个性化 ST 模型表示为

$$T = 96.5 \times S + b_i (i = 1, 2, 3, \cdots\cdots, 16) \tag{4-6}$$

式（4-6）适用于东亚年轻女性。i 表示不同用户，b_i 是不同用户的个性化截距。通过比较个性化 ST 模型的预测皮肤温度和测量皮肤温度，16 名受试者的个性化 ST 模型（线性回归）的绝对误差分布如图 4-7 所示。对于每个受试者，显示了 50 个绝对误差的第一四分位数、中位数和第三四分位数。16 名受试者的绝对误差中位数为 $-0.10 \sim 0.06$℃。通过比较部分个性化 ST 模型的预测皮肤温度和测量皮肤温度，16 名受试者的绝对误差分布如图 4-8 所示。16 名受试者的绝对误差中位数为 $-1.32 \sim 0.61$℃。16 名受试者的绝对误差标准差比较如图 4-9 所示，论证了部分个性化 ST 模型的可行性。

4.3.2 实验结果

在个性化 ST 模型中，肤色饱和度与皮肤温度之间的线性关系非常明显。在研究群组（年轻东亚女性）中，群组的斜率中位数接近大多数受试者的斜率，这应通过进一步研究更大的样本量进行验证。年轻女性受试者皮肤相对娇嫩，没有皮肤皱褶，对热刺激敏感。个性化 ST 模型的优点是通过肤色饱和度对皮肤温度进行高精度的预测，而个性化 ST 模型的局限性在于每一个新的受试者都需要重复热刺激过程，以找到准确的皮肤温度与肤色

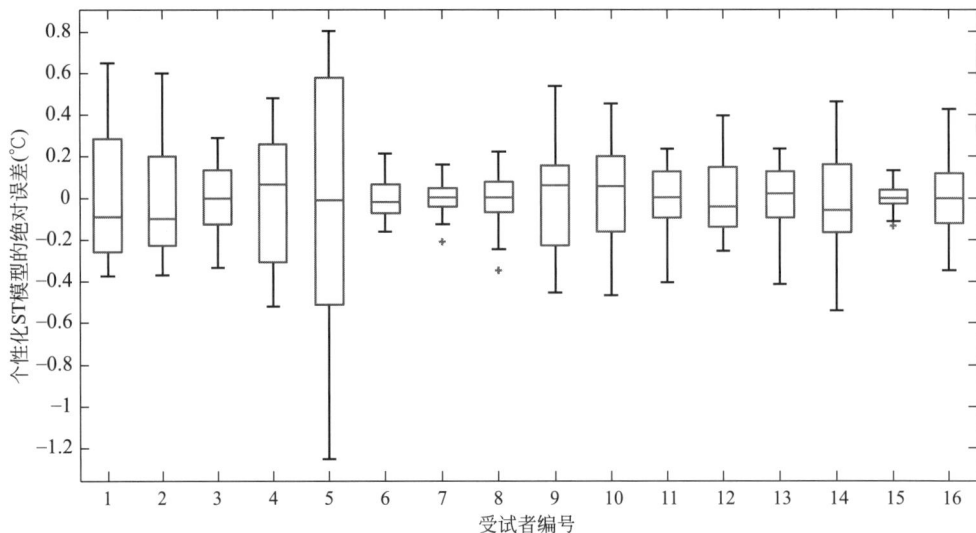

图 4-7　16 名受试者的个性化 ST 模型（线性回归）的绝对误差分布

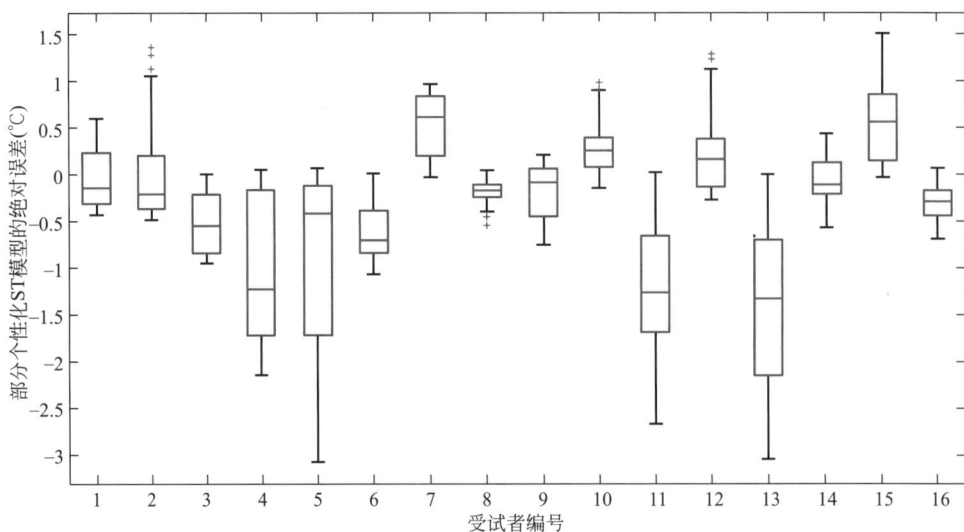

图 4-8　部分个性化 ST 模型对 16 名受试者的绝对误差分布

饱和度之间的线性关系，这些关系可以保存在计算机数据库中供进一步使用。部分个性化 ST 模型的优点是只需要测量基本的皮肤温度，而不需要热刺激和相应的肤色饱和度，这对于每一个新的受试者来说都非常容易，不需要重复热刺激过程。部分个性化 ST 模型的局限性在于预测精度。

拉格朗日方法和欧拉方法已经快速发展并应用于视频放大领域。拉格朗日方法聚焦于图像像素，分析并放大了像素运动轨迹[6~9]。这种方法对微小的运动很敏感。然而，拉格朗日方法有两个主要缺点：首先，需要一种很好的像素轨迹估计算法，但这种算法并不总是令人满意的；其次，由于对像素级微观运动的过分关注，缺乏对整个图像的分析。当局部像素被放大时，目标物体和周围背景被撕裂，需要采用图像拼接算法进行补偿。欧拉方法聚焦于整个图像及其感兴趣区域，分析了图像感兴趣区域的关键信号，包括感兴趣区域

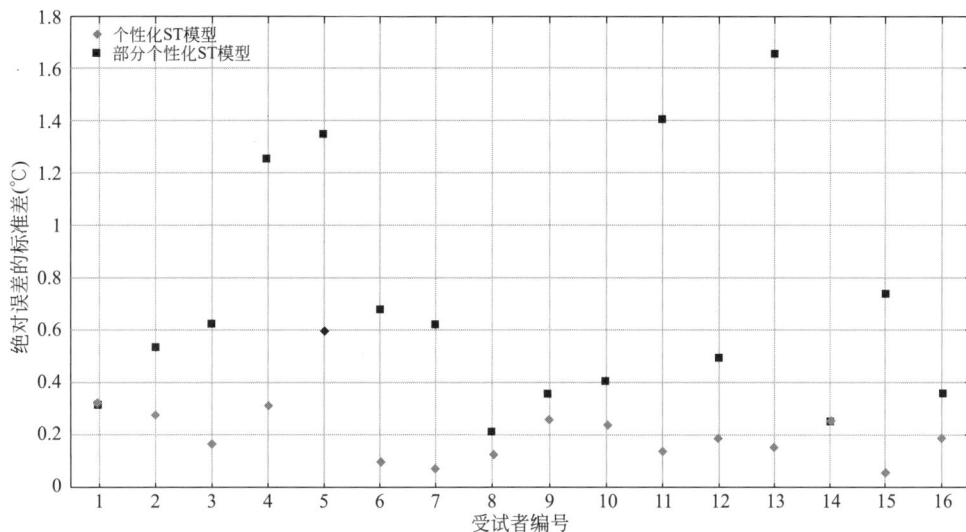

图 4-9　个性化 ST 模型（线性回归）与部分个性化 ST 模型的绝对误差标准差比较

的信号和感兴趣区域高度相关的信号，将目标信号进行放大[10～13]。该方法从全局图像出发，克服了拉格朗日方法的局限性，便于实际应用。这种情况类似于流体力学领域，用拉格朗日方法描述流体质点的运动，采用欧拉方法描述某一时刻的流场，便于建立输运方程。

4.3.3　结论

本研究的主要目的是寻找一种非接触测量人体皮肤温度的技术，可作为控制暖通空调系统的反馈信号。结论如下：（1）欧拉视频放大算法可准确分析肤色饱和度。（2）皮肤颜色饱和度与皮肤温度存在线性关系。（3）个性化 ST 模型（线性回归）可以实现对东亚年轻女性皮肤温度的非接触测量，具有高精度和复杂度。绝对误差的中位数从－0.10～0.06℃。（4）部分个性化 ST 模型，可用于东亚年轻女性皮肤温度的非接触式测量，虽然精度不高，但是过程简单。绝对误差的中位数从－1.32～0.61℃。

这项初步研究有一些局限性。中位数斜率是根据 16 名受试者的个人斜率得出的，与每个斜率的距离都不够接近。为了检验部分个性化 ST 模型的可行性，仍需要进行大样本量的实验。

4.4　NIDL 模型

为了进一步提高测量精度，本书作者基于 NIST 模型和 NIPST 模型提出了 NIDL（a contactless measurement method of thermal comfort based on subtleness magnification and deep learning）模型。该方法根据皮肤特征数据，如细微运动和纹理变化，利用深度神经网络构建皮肤特征与皮肤温度之间的关系。

4.4.1　算法说明

NIDL 算法是一种基于欧拉视频放大算法和深度学习的非接触式热舒适性测量方法。

该算法首先用 EVM 算法放大细微的皮肤变化，并选择感兴趣的区域（ROI）。根据人体热舒适的特点，优化了 315 层深度神经网络用来提取皮肤图像特征，构建了皮肤图像与皮肤温度的回归关系。

（1）EVM 放大原理

当人体发生热反应或冷反应时，皮肤就会出现变化，如毛孔收缩、颜色变化等。使用 EVM 算法来放大受试者的皮肤变化。设 $f(x, t)$ 表示人体皮肤图像，x 表示像素点的位置，$k(t)$ 表示不同环境下的皮肤变化[11,17]。

$$f(x, t) = Z[x + k(t)] \tag{4-7}$$

式中，Z 是 $f(x, t)$ 与皮肤变化 $k(t)$ 的关系函数。设 β 表示放大系数，将 Z 使用一阶泰勒展开后[11,17]，可以得到

$$f(x, t) \approx Z(x) + (1+\beta)k(t)\frac{\partial f(x)}{\partial x} \tag{4-8}$$

$$= Z[x + (1+\beta)k(t)]$$

式中，$k(t)$ 是 t 时刻皮肤纹理的空间变化，EVM 将其放大到 $1+\beta$ 量级。由式（4-8）可知，细微不可见的皮肤变化可以被清晰放大。将采集到的视频数据进行 EVM 处理，作为深度神经网络的输入信号。

（2）深度神经网络模型

本研究采用深度学习对大数据进行训练，生成模型。研究采用了 Inception 深度神经网络架构[18] 并进行了优化。如图 4-10 所示，保留了 Inception 的主要功能，但去掉了最后一个全连接层。然后，添加一个平均池化层和三个全连接层。相应的激活函数是一个整流线性单元（ReLU）。

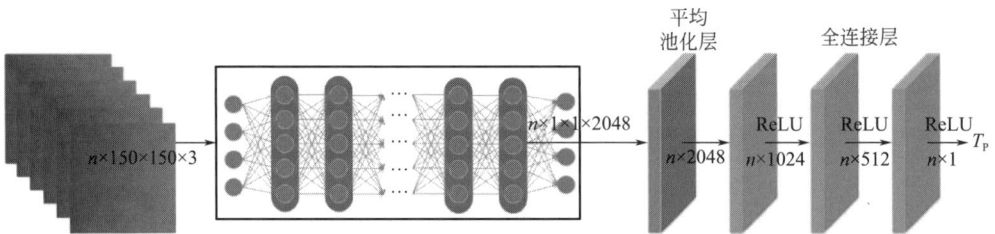

图 4-10 NIDL 网络架构

（3）校准函数

为了获得更好的预测结果，基于分段平稳理论[20]，对深度神经网络预测的皮肤温度设置了一个校准函数。校准函数如下所示。

$$T'_P = T_P - \xi \tag{4-9}$$

式中，T_P 是深度神经网络预测的皮肤温度；T'_P 是皮肤温度的标定值，ξ 是由式（4-10）得到的标定系数。

$$\xi = \begin{cases} \dfrac{Error_{\text{train\_mean}}}{\tau_1}, & \text{if } \dfrac{1}{n}\sum_{i=1}^{n} Error_{\text{test}}(i) > \eta \\ \dfrac{Error_{\text{train\_mean}}}{\tau_2}, & \text{if } Error_{\text{train\_mean}} \geqslant \varepsilon \end{cases} \tag{4-10}$$

式中，$Error_{\text{train\_mean}}$ 是整个训练集的平均误差；$Error_{\text{test}}$ 是测试集的前几个误差值。将测试集的前 n 个误差值的均值作为先验知识，用于确定校准条件。η 和 ε 是可控的阈值，参数 τ_1 和 τ_2 是精度调整系数。在数据训练和模型生成的基础上，定义了 η、ε、τ_1、τ_2、n 参数。

（4）实验数据

NIDL 算法的输入数据是从实验中获取的视频。对应参数为：①视频分辨率 720P（渐进式扫描，1280×720）。②比特率 8992kbps。③帧率 30 帧/s。NIDL 算法首先将视频数据进行 EVM 处理，输出感兴趣区域图像，该图像的分辨率为 150×150。接着将图像输入至深度神经网络，通过深度学习获得皮肤温度 T_{P}。最后，根据式（4-9）计算并输出校正后的皮肤温度 T'_{P}。

（5）交叉验证

对于未知人群的测试数据，如何验证 NIDL 算法的性能？首先，采用了权值衰减、微调、预训练网络和神经网络层的多重激活函数等方法来抑制过拟合。其次，采用交叉验证的方法验证了 NIDL 算法的性能。

（6）评价指标

$$Error(i) = |\, T(i) - T(i)_g\, | \quad i=1,\ 2,\ 3,\ \cdots\cdots,\ t \tag{4-11}$$

式中，$T(i)$ 是 NIDL 预测的皮肤温度；$T(i)_g$ 是真实的 i-Button 传感器捕捉到的皮肤温度；t 为采样时间。NIDL 算法的步骤如表 4-4 所示，其应用原理图如图 4-11 所示。

NIDL 算法步骤　　　　　　　　　　　　　　　　表 4-4

算法：NIDL 算法

输入：视频数据，720P(1280×720)，8992kbps，30 帧/s
输出：NIDL 模型(*.h5)、皮肤温度(℃)
步骤：
1. 视频数据预处理与纹理放大
　(1)皮肤变化视频去噪。
　(2)140 万视频数据(帧)的纹理放大，$\beta=10$(式 4-8)。
2. 感兴趣区域提取
　(1)帧提取：从视频中提取纹理放大后的手部图像。
　(2)ROI 提取：将手背图像(150×150)的局部区域作为 ROI。
3. 温度插值：i-Button 传感器采集的皮肤温度采用线性插值。
4. 大数据集和深度学习的算法训练
　(1)标注：对提取和插值的感兴趣区域图像制作标注文档。
　(2)测试集：1 名受试者数据(每轮选取不同受试者)。
　(3)训练集：剩余 15 个被试的数据。
　(4)for j=1:epoch(epoch=7)
　　　for m=1:loops(loops=$1.4 \cdot e^6$ / 50)
　　　　1)将提取的 50 帧 ROI 图像输入到优化的 Inception 网络中。
　　　　2)如果 m 是 100 的整数倍(导入 5000 帧图片)，则进行性能验证。然后，在模型训练过程中使用测试集中的 50 帧图像进行性能验证。
　　　　3)如果 $Error<\varepsilon(\varepsilon=0.3℃)$，则保存当前模型。
　　　　4)或者如果 m 是 10000 的整数倍，则保存当前模型。
　　　　5)或者如果所有的训练集都用于第 j 次循环($m=loops$)的训练，则保存当前模型。
5. 皮肤温度预测模型参数优化及校正
式(4-10)中的参数：(1)$\tau_1=0.446$，(2)$\tau_2=12.88$，(3)$n=3$，(4)$\eta=1℃$，(5)$\varepsilon=0.3℃$

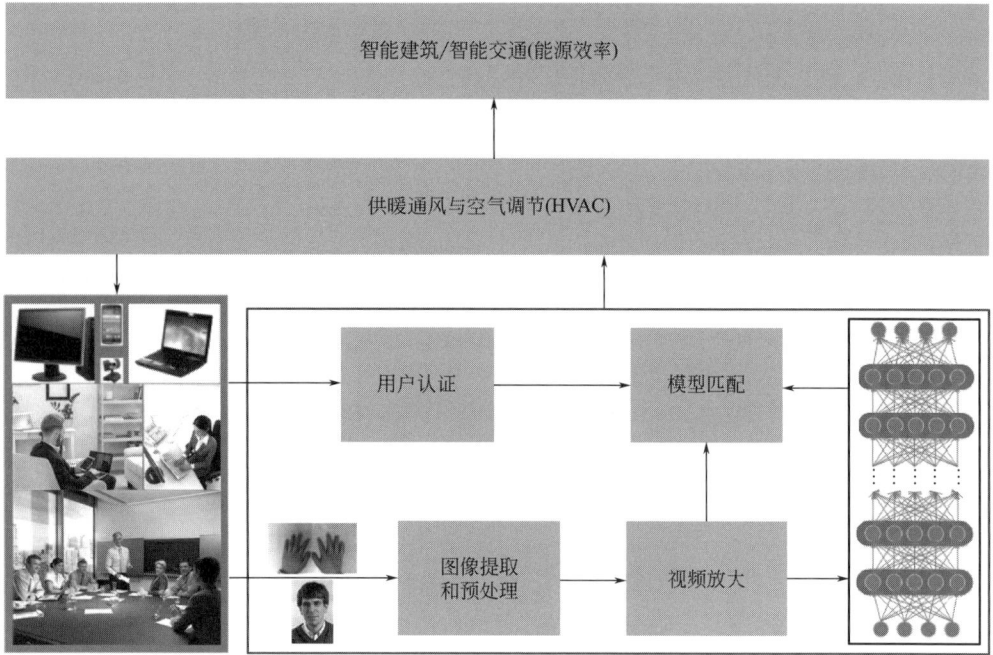

图 4-11　NIDL 应用原理图

4.4.2　实验结果

为了验证本书提出的 NIDL 算法，我们收集了一个大数据集（144 万帧）用于模型训练和验证。共有 16 名女性受试者参与生理数据采集，采集手背皮肤变化数据和温度数据。

（1）运行环境

运行环境为 32G RAM，双处理器和图形处理单元（GPU），用于运行核心代码和训练数据。处理器为 Intel（R）Xeon（R）CPU E5-2687W V3 @ 3.10 GHz，GPU 为 NVIDIA GeForce GTX 980（1920 ×1080，32 bit，60hz）。

（2）微变放大

如图 4-12 所示，通过 EVM 放大了手背皮肤图像，"RAW"表示原始的手背图像，"EVM"表示处理后的手背图像。对含有热舒适信息的手背图像进行 EVM 处理，适当放大人体皮肤变化的纹理特征。放大的手背图像和 i-Button 传感器捕捉到的皮肤温度，被合并在一个标签文件中。然后将数据输入具有 315 隐含层的深度神经网络进行模型训练。

（3）生成 NIDL 模型

为了提高模型的性能，对迁移学习网络 Inception V3 进行了优化。让 n 表示批次大小，每次将有 n 帧图像导入工作站堆栈。为了提高预测的准确性，删除了 Inception V3 中最后一个全连接层，如果输入数据的大小为 $n\times150\times150\times3$，则 Inception 的输出数据大小为 $n\times1\times1\times2048$。在此基础上，增加了池化层，采用平均池化算法。因此，对应的输出是 $n\times2048$。此外，三个全连接层被一层一层地堆叠在平均池层之上，大小分别为 2048$\times$1024，1024$\times$512 和 512$\times$1。相应的激活函数是一个整流线性单元 ReLU。因此，三个全连接层的输出大小分别为 $n\times1024$，$n\times512$ 和 $n\times1$。为了防止栈溢出，可以

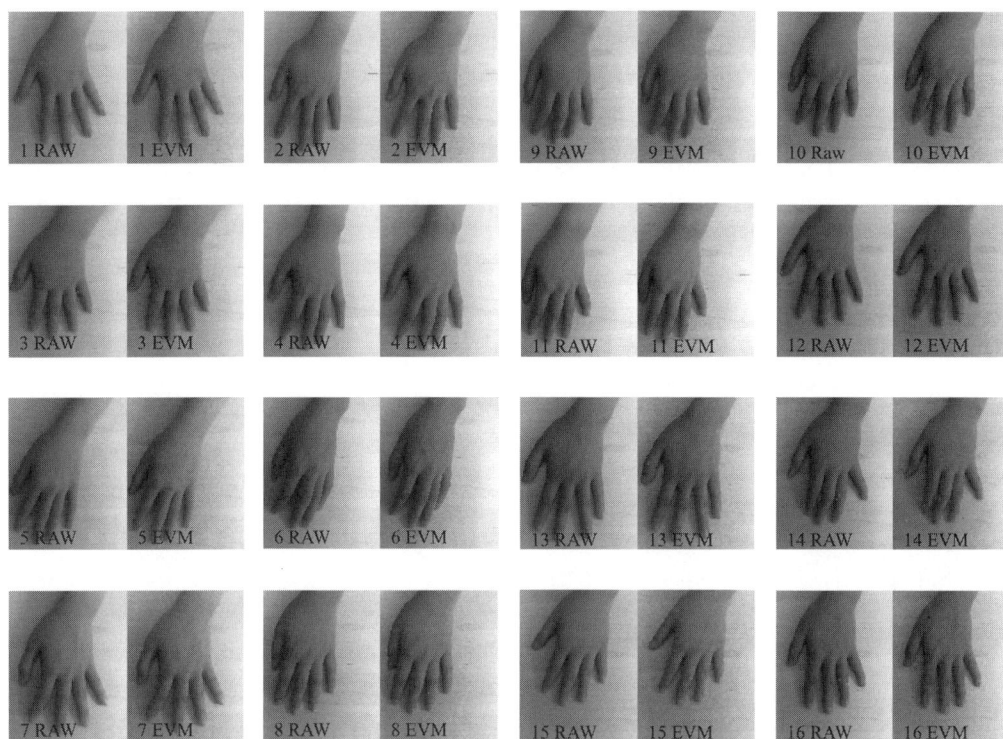

图 4-12　16 名受试者的手背（RAW：原始图像；EVM：处理后图像）

将 n 定义为 50。这意味着在每个循环中，将从训练集中获取的 50 帧图像导入工作站堆栈。整个深度神经网络对应的输出是输入网络的图像的皮肤温度预测值，输出向量的大小为 50×1。

每训练 100 个循环（相当于训练 5000 帧图像），进行一次性能验证。然后，用固定的 50 帧图像进行绝对误差计算。如果平均误差小于 ε，则保存当前的算法模型，或者在一个 *epoch* 结束后保存算法模型。此外，当循环为 100000 或 20000 时，我们也会保存算法模型。需要注意的是，一个"*epoch*"是指训练集的整个数据被训练了一次。此实验将 ε 定义为 0.3℃，*epoch* 为 7。

4.4.3　NIDL 和 NIPST 的性能比较

为了了解 NIDL 算法的性能，将其与 NIPST 模型进比较。16 名受试者在实验温度下的 NIDL 的平均错误分别为 0.510、0.250、0.270、0.285、0.402、0.311、0.603、0.786、0.326、0.327、0.208、0.506、0.356、0.502、0.755 和 1.192。16 名受试者中有 9 名误差小于 0.5℃，3 名误差约等于 0.5℃。图 4-13 显示了 NIPST 算法的误差平均值为 0.782℃，中值为 0.560℃，标准差为 0.742℃。在使用 NIDL 算法测量受试者皮肤温度后，获得的误差平均值、中值、标准差分别为 0.476℃、0.343℃ 和 0.474℃。不同方法的误差分布对比图如图 4-14 所示。在 NIPST 算法中，小于 0.25℃ 的误差占 28.86%，而 NIDL 的相同误差率占 38.21%。在 0.25~0.5℃ 之间，NIDL 模型的误差提高了 8.94%。NIDL 模型在 0.5~0.75℃ 之间的误差也提高了 1.36%。对于所有大于 0.75℃ 的误差，

NIDL 的比例显著降低。8个误差区间（［0.75，1)、［1，1.25)、［1.25，1.5)、［1.5，1.75)、［1.75，2)、［2，2.25)、［2.25，2.5) 和大于等于 2.5℃）分别降低 2.71%、0.95%、2.57%、3.66%、2.17%、2.30%、1.49% 和 3.79%。从图 4-14 可以看出，NIDL 给出的误差主要小于 0.75℃，且 NIDL 的性能优于 NIPST。

图 4-13 所示为 NIDL、NIPST 与 i-Button 传感器验证结果对比。本实验共有 16 名受试者的手被热水刺激，采用交叉验证，进行了 16 轮模型训练。在每一轮训练中，定义一个被试数据为测试集，定义其余 15 个被试数据为训练集。图 4-13（a）（c）（e）（g）（i）（k）（m）（o）为皮肤温度变化曲线，图 4-13（b）（d）（f）（h）（j）（l）（n）（p）为绝对误差的变化曲线。

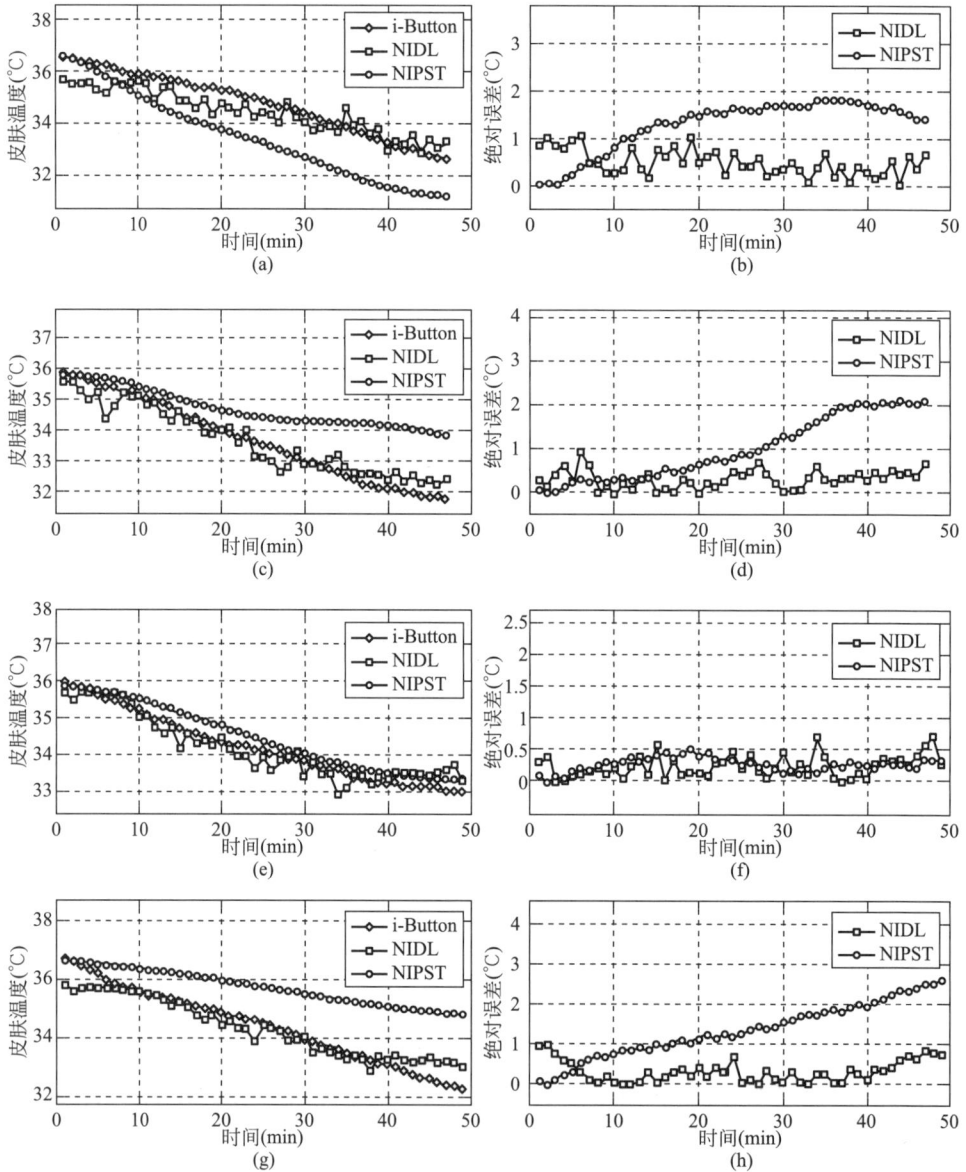

图 4-13　NIDL、NIPST 与 i-Button 传感器验证结果对比（一）

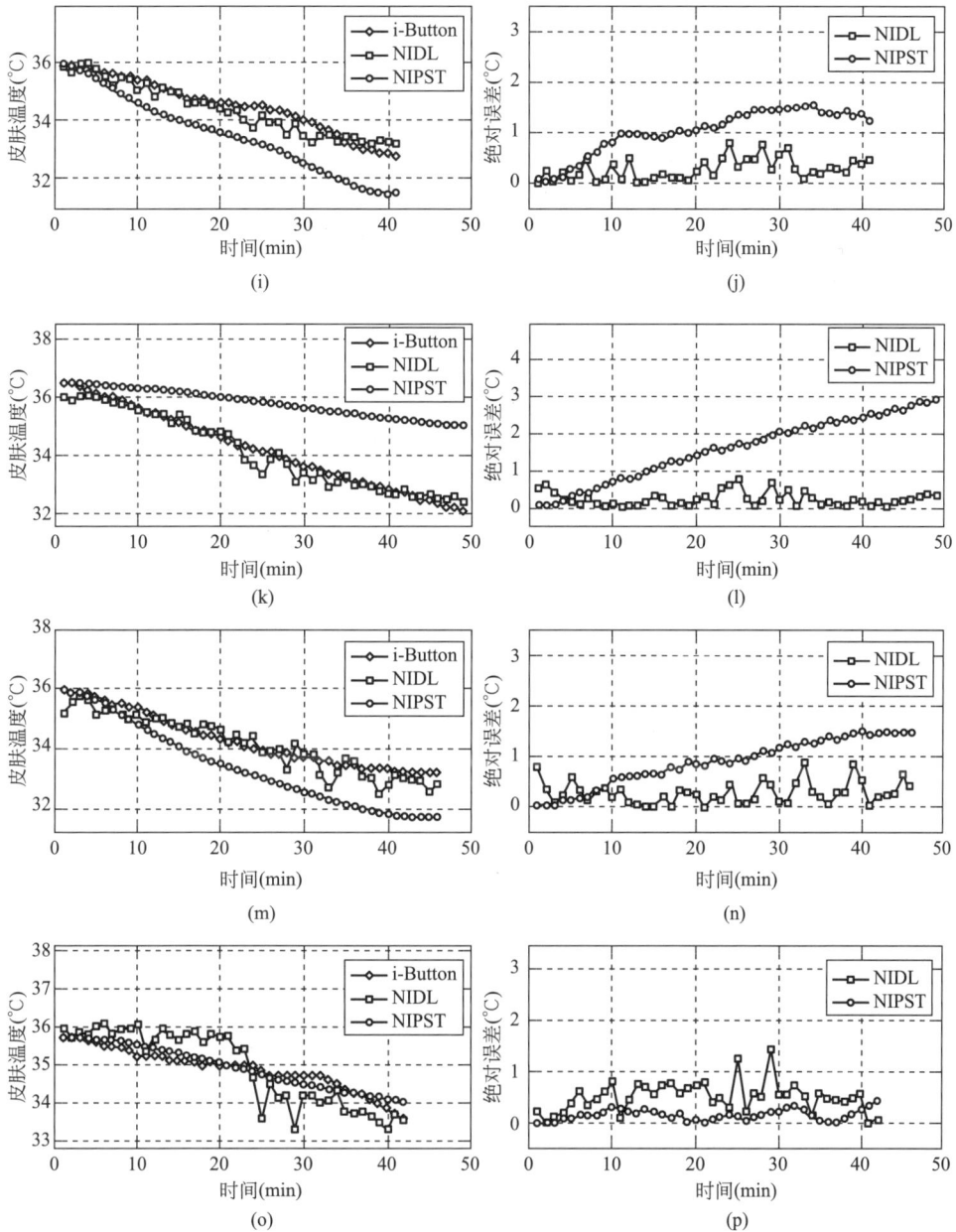

图 4-13 NIDL、NIPST 与 i-Button 传感器验证结果对比（二）

图 4-14 所示为 NIDL、NIPST 与 i-Button 传感器误差分布对比。共有 16 名受试者的手被热水刺激。采用交叉验证，进行了 16 轮模型训练。在每一轮训练中，定义 1 个被试数据为测试集，定义其余 15 个被试数据为训练集。图 4-14（a）（c）（e）（g）（i）（k）（m）（o）为皮肤温度变化曲线，图 4-14（b）（d）（f）（h）（j）（l）（n）（p）为绝对误差变化曲线。

图 4-15、表 4-5、表 4-6 显示了 NIPST 与 NIDL 的绝对误差、误差的分布比较。

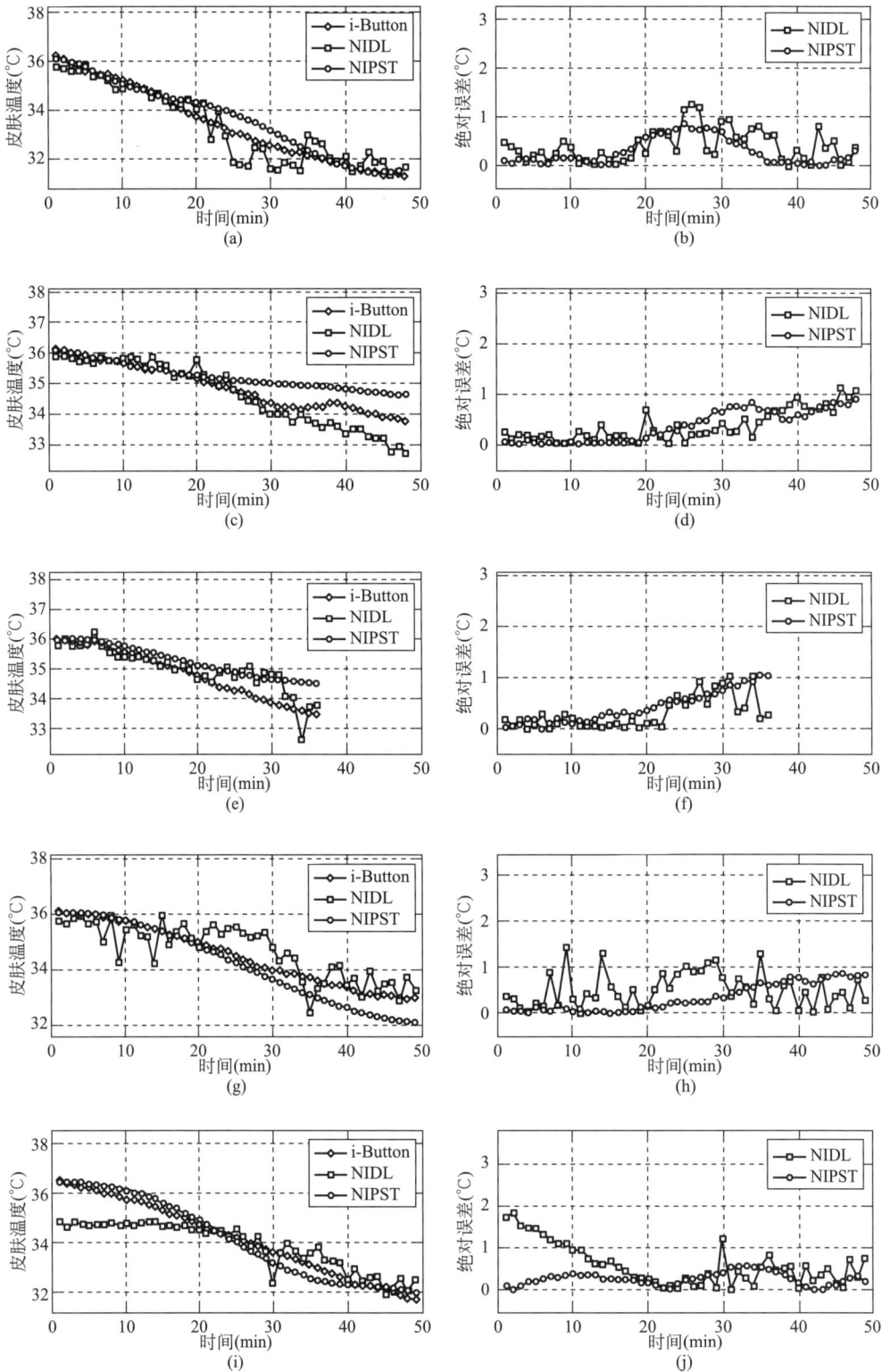

图 4-14 NIDL、NIPST、i-Button 传感器误差分布对比（一）

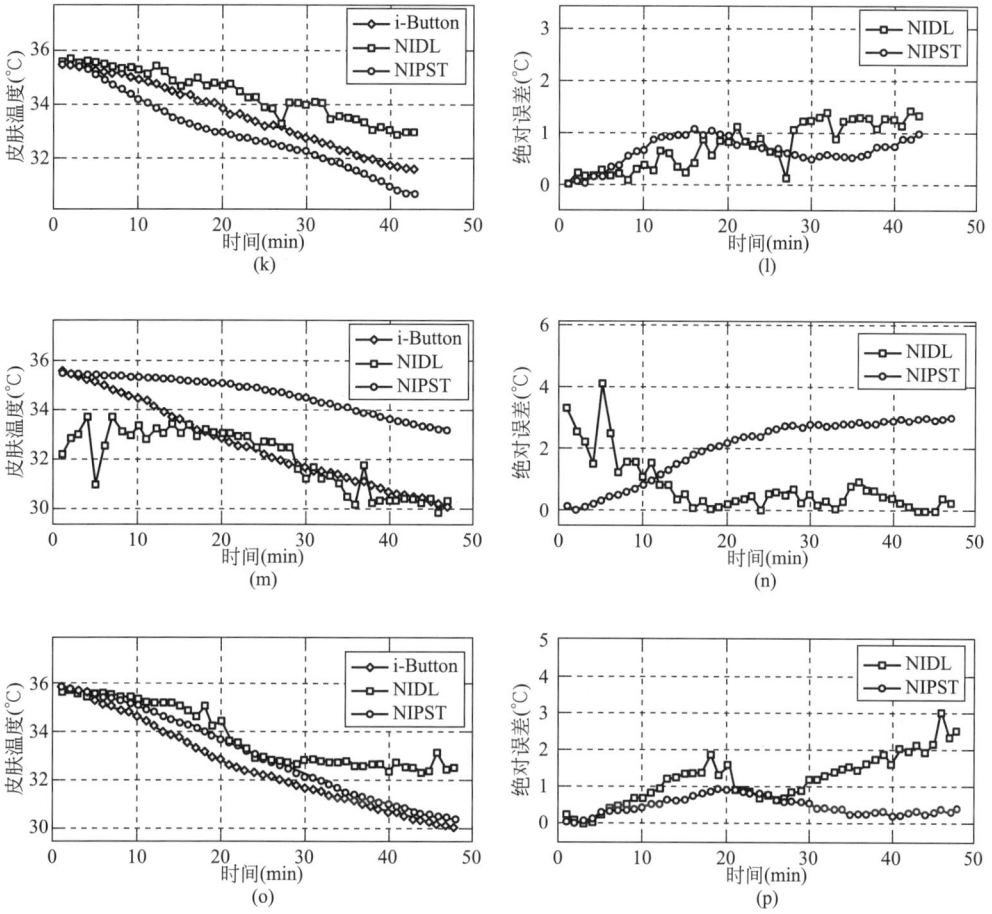

图 4-14　NIDL、NIPST、i-Button 传感器误差分布对比（二）

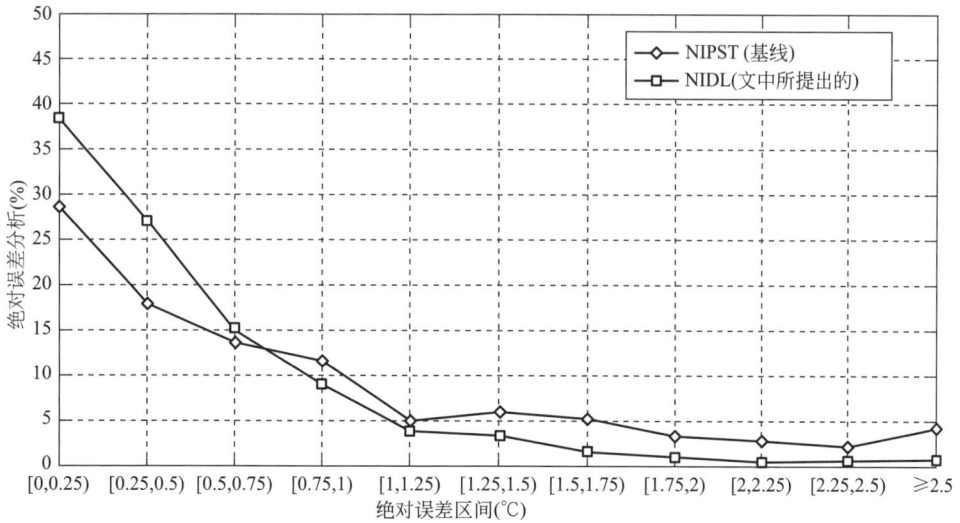

图 4-15　NIPST 与 NIDL 的绝对误差、误差的分布比较

NIPST 与 NIDL 的误差比较（平均值、中值和标准差）　　　表 4-5

统计值	NIPST(℃)	NIDL(℃)	统计数据变化(%)	NIDL 是否性能优越
平均值	0.782	0.476	−39.07	是
中值	0.560	0.343	−38.76	是
标准差	0.742	0.474	−36.04	是

NIPST 与 NIDL 的绝对误差分布　　　表 4-6

绝对误差(℃)	NIPST(%)	NIDL(%)	分布差异(NIDL-NIPST,%)	NIDL 是否性能优越
[0,0.25)	28.86	38.21	9.35	是
[0.25,0.5)	17.89	26.83	8.94	是
[0.5,0.75)	13.55	14.91	1.36	是
[0.75,1)	11.65	8.94	−2.71	是
[1,1.25)	4.88	3.93	−0.95	是
[1.25,1.5)	5.96	3.39	−2.57	是
[1.5,1.75)	5.15	1.49	−3.66	是
[1.75,2)	2.98	0.81	−2.17	是
[2,2.25)	2.71	0.41	−2.30	是
[2.25,2.5)	2.03	0.54	−1.49	是
≥2.5	4.34	0.55	−3.79	是

4.4.4　总结

在 NIDL 中使用 EVM 算法来放大皮肤纹理，克服了"细微皮肤变化"难以观察的问题。在实际应用中，也可以在线使用 NIDL 算法，使所有的皮肤帧（图像）可以连续捕获，从而可以实时捕获受试者的热舒适，克服个体内时变差异的挑战，同时，更多的数据可以用于模型训练，更多的个体内和个体间特征被提取到 NIDL 模型中，使其更加准确。

NIPST 模型[19] 与 NIDL 模型之间的区别如下所示：

（1）模型类型：NIPST 是一个线性模型（$T = 96.5 \times S + b$），生成方式是多项式回归。NIDL 是由优化的 315 层深度神经网络生成的非线性模型。

（2）测量误差：NIPST 模型的平均误差和中值误差均大于 NIDL 模型。由于 NIPST 模型的参数是常数和有限的，如果使用生成的 NIPST 模型预测更多的其他人员的皮肤温度，误差会增大。交叉验证结果表明，NIDL 模型具有较强的预测能力和广阔的应用前景。

（3）应用方便：NIPST 模型需要大量图像和相应的皮肤温度数据来计算个体居住者的参数。然而在实际应用中，不可能捕捉每个人员的真实温度。对于 NIDL 模型，输入的数据是皮肤图像，然后由皮肤图像导出皮肤温度的预测值。这个过程很适合实际应用。基于以上对比，深度神经网络和大数据训练也提高了所提出的 NIDL 的适应性和适用性。

然而对于 NIDL 模型的研究还存在一些局限性：

（1）强刺激和弱刺激。进行 NIDL 算法实验的数据都是在强刺激下收集的。但在实际应用中，刺激条件弱的情况更为常见。因此，弱刺激条件下的热舒适感知应成为今后研究的重点。

（2）皮肤温度和热舒适。皮肤温度在干燥条件下与热感知有关，然而这种关系在潮湿条件下有时会失效（排汗）。目前的研究只集中在干燥条件下的热舒适。

（3）个体差异。个体差异通常很大，包括肤色等。因此，进一步探讨个体因素是如何作用于这些差异是有意义的。

（4）实际应用情况复杂，需要考虑其他因素。如相机距离、相机角度、室内人工照明、是否有阳光从窗户射入、白天黑夜、季节等。

4.5　NISDL 模型

2019 年，本书作者[22] 提出了一种基于皮肤敏感性指数（skin sensitivity index，SSI）和深度学习的非接触式皮肤温度测量方法 NISDL。为了克服个体差异和皮肤微弱变化，本书作者定义了一种新的评价指标——皮肤敏感性指数。为了验证所提出的 SSI 方法的有效性，设计了两种多层深度学习框架（NISDL 方法 I 和 NISDL 方法 II），并使用 DenseNet201 从皮肤图像中提取特征。

4.5.1　皮肤敏感性指数

（1）SSI 定义

当人体受到热刺激时，血液循环会发生变化，这种变化也会反映在皮肤的颜色和质地上。基于 HSV 色彩空间[21]，提取 S 通道，建立线性 ST（饱和度-温度）模型。

$$T = k_i \times S + b_i \tag{4-12}$$

式中，i 是受试者人数；k 随着皮肤温度变化率的改变而改变；b 是截距；S 和 T 分别是皮肤饱和度和温度。本书定义 k 为皮肤敏感指数（SSI）。SSI 是皮肤温度变化的高权重系数，反映了皮肤对外界热刺激的敏感程度。

（2）SSI 的计算

计算 SSI 的具体步骤如下：

① 从捕获的视频中提取每一帧；

② 选取感兴趣区域（ROI）；

③ 从感兴趣区域图像中提取 S 通道，计算每个感兴趣区域图像 S 的平均值；

④ 根据每个受试者的真实皮肤温度和 S 值搜索 SSI 值。

4.5.2　NISDL 算法

SSI 在非接触式热舒适测量中是一个较高的权重系数，因为它将提高皮肤温度的预测精度。此外，为了验证 SSI 的有效性，本书作者构建了两种深度学习框架（NISDL 方法 I 和方法 II）。NISDL 方法 I 和 II 之间的主要区别在于网络调用 SSI 参与模型训练的位置不同。下面介绍构建的 NISDL 算法。

（1）视频预处理

使用 EVM 放大受试者手部皮肤纹理的变化，根据式（4-8）可知，EVM 可以将手部的微小变化放大 $1+\beta$ 倍。放大后，选取感兴趣区域，并将感兴趣区域图像导入 NISDL 方法Ⅰ和Ⅱ进行模型训练。

（2）NISDL 方法Ⅰ

如图 4-16 所示，SSI 值用作输入数据，并从一开始就导入到深度学习网络中。在第一步中，还将 ROI 图像与 SSI 值相结合。根据 ROI 图像的大小，将每个 ROI 图像的 SSI 值展开为一个矩阵。该矩阵被视为一个通道，并与 3 个通道的 ROI 图像相结合。

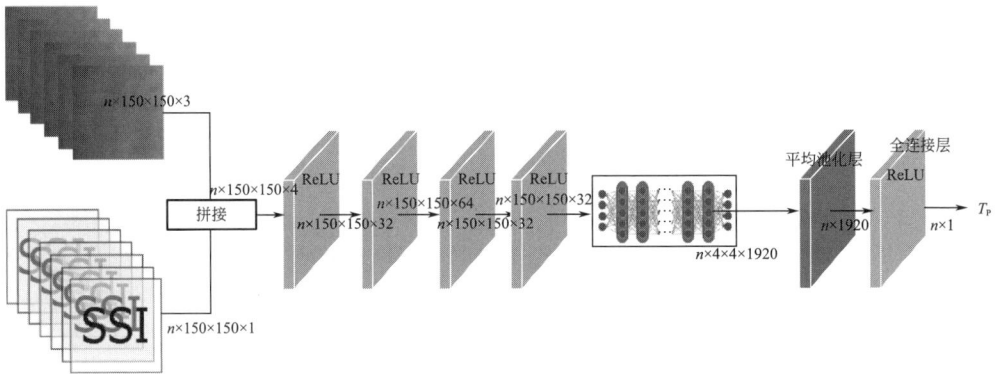

图 4-16　NISDL 方法Ⅰ（将 SSI 值与皮肤图像结合）

将 ROI 图像与上述 SSI 值之间的融合数据输入到四个卷积层中进行降维。在 NISDL 方法Ⅰ中，采用 DenseNet201[21] 进行特征提取。因为 DenseNet201 的最后一层的激活函数是 softmax，不适合对皮肤特征进行提取，所以需要移除网络的最后两层。将 DenseNet201 最后两层替换为一个平均池化层和一个全连接层。基于上述设计的深度学习网络，在 NISDL 方法Ⅰ中输入 n 个 ROI 图像和 n 个 SSI 值，因此，可以获得 n 个皮肤温度。

（3）NISDL 方法Ⅱ

图 4-17 是 NISDL 方法Ⅱ的深度学习框架。该方法对感兴趣区域图像和 SSI 值进行特

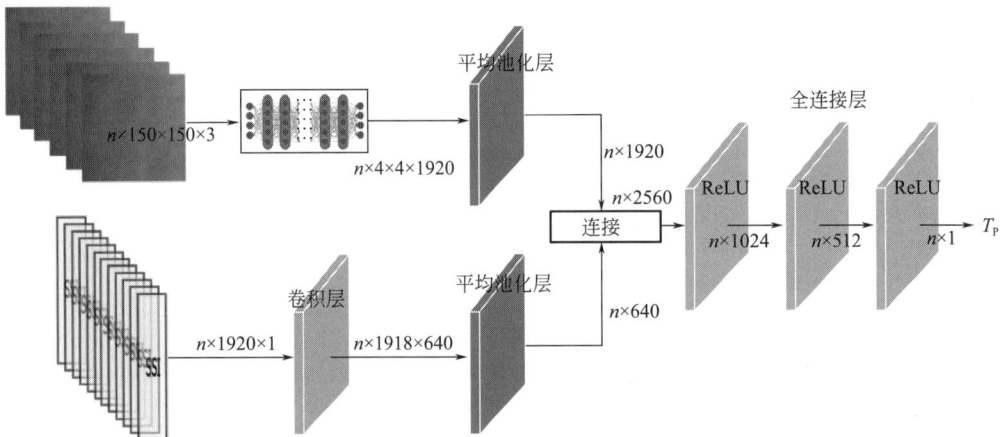

图 4-17　NISDL 方法Ⅱ（分别将 SSI 值和皮肤图像进行特征提取，之后再将特征融合）

征提取。随后，在整个框架的后半部分结合了这两种特征。平均池化层和 DenseNet201（不包括最后两层）也用于 ROI 图像的特征提取。对于 SSI 值，采用卷积层和平均池化层进行特征提取和降维。在特征组合后，用 NISDL 方法Ⅱ构造了三个全连接层，因此可以获得皮肤温度。测量方法见表 4-7。

基于皮肤敏感性指数的非接触式皮肤温度测量方法 表 4-7

算法：NISDL 算法

输出：NISDL 型号(∗.h5)，皮肤温度(℃)

步骤：

1. 视频预处理
   (1)对捕获的视频去噪，进行微变放大。
   (2)放大系数 ξ 为 10，$C(x,t) = F[x + (1+\varepsilon) \times h(t)]$。
   (3)从每帧视频中提取感兴趣区域(ROI)，大小为 150×150。

2. 制作标签
   (1)对 i-Button 捕捉到的皮肤温度进行数值插值。
   (2)采用均匀插值，加 11 点/min。
   (3)建立 ROI 图像与皮肤温度(插值后)的对应表。

3. 算法训练
   (1)NISDL 方法Ⅰ和Ⅱ的共性
     1)训练集与测试集的比值：12∶4。
     2)验证集：500 帧图片。
     3)网络训练时，32 帧图像/批处理，*epoch* 为 8。
     4)训练 30000 帧图像，验证一次。
     5)激活函数：ReLU。
   (2)NISDL 方法Ⅰ
     1)第一步将 SSI 值与 ROI 图像连接。
     2)卷积内核：1×1。
   (3)NISDL 方法Ⅱ
     1)分别从 SSI 值和 ROI 图像中提取特征。
     2)在网络的后半段将这两种特征串联起来。
     3)卷积内核：3×1。

4. 优化模型参数

（4）评价指标

对于构建的 NISDL 算法，采用绝对误差进行评估。

$$Error = |T_P(i) - T_r(i)| \quad i = 1, 2, 3, \cdots\cdots \tag{4-13}$$

式中，$T_P(i)$ 是所提出的 NISDL 算法得到的皮肤温度预测值；$T_r(i)$ 是皮肤温度的真实值，由 i-Button 捕获；参数 i 表示特定的感兴趣区域图像。

（5）算法比较

本书作者采用两种算法进行比较：①DL 算法。NISDL 方法Ⅰ和Ⅱ的共同点是，它们都使用 SSI 进行模型训练。为了验证 NISDL 算法（有 SSI）的有效性，他们从 NISDL 方法Ⅱ中去除 SSI 和相应的 SSI 特征提取隐藏层，从而使其成为另一个深度学习网络（没有 SSI），并命名为 DL 算法。②NIPST 算法。DL 算法、NISDL 方法Ⅰ和Ⅱ都是具有深度学习网络的非线性方法和数据驱动方法。为了进一步验证 NISDL 方法Ⅰ和Ⅱ，还使用

NIPST 算法进行算法比较，这是一种线性和模型驱动的方法。

4.5.3 算法测试结果

邀请 16 名受试者进行主观生理实验，共拍摄图像 144 万帧。在此基础上，对 NISDL 算法进行了验证，并与 NIPST 算法和 DL 算法进行了比较。

（1）运行环境

使用带有 GPU 的计算机进行图像处理和算法验证。GPU 是 GeForce GTX TITAN X，CPU 是 Intel core i5-4460 CPU@3.2Ghz X 4，RAM 是 16G，字节大小是 64 位。

（2）NISDL 方法 Ⅰ 的训练

ROI 图像的大小为 $n×150×150×3$，扩容后的 SSI 值为 $n×150×150×1$。将 SSI 矩阵作为一个通道，与 ROI 图像进行拼接，得到 $n×150×150×4$。如图 4-16 所示，四个卷积层的激活函数为整流线性单元（ReLU），卷积核的大小为 $1×1$。采用 DenseNet201 进行特征提取，其输出大小为 $n×4×4×1920$ 的矩阵。在此基础上构建了两个隐藏层，最后一层为全连接层，其大小为 $1920×n$。

（3）NISDL 方法 Ⅱ 的训练

扩展后的 SSI 矩阵的大小为 $n×1920×1$，与 NISDL 方法 Ⅰ 的大小不同，对应的卷积核为 $3×1$。通过两个隐藏层提取 SSI 的特征，利用 DenseNet201 提取感兴趣区域图像的特征。如图 4-17 所示，在框架的后半部分，这两种特性被连接起来。为了保证 SSI 特征对网络训练有适当的影响（适中，不太大或太小），本书作者将 ROI 图像特征的大小设置为 $n×1920$，将 SSI 特征的大小设置为 $n×640$（三倍关系）。最后，三个隐藏层的大小分别是 $2560×1024$，$1024×512$ 和 $512×1$。

（4）NISDL 方法 Ⅰ 与方法 Ⅱ 之间的共性

在网络训练中，NISDL 方法 Ⅰ 和 Ⅱ 的相同参数如下所示。基于 144 万帧图像的数据，训练集与测试集的比例为 $12:4$，验证集个数为 500。$epoch$ 是 8，表示训练集被训练了 8 次。输入数据批处理长度为 32。当验证集误差小于 $0.46℃$ 时，保存对应的模型（＊.h5）。此外，当训练集的图像为 300000 时，也会保存相应的模型（＊.h5）。模型生成后，将测试集图像输入到生成的模型中，即可得到皮肤温度的预测值。

（5）定量比较

皮肤温度的比较如图 4-18 所示。从 i-Button 获取的值集合为真实值。相应的误差统计量，包括平均值、中值，如图 4-19 所示。NISPT、DL、NISDL 方法 Ⅰ 和 Ⅱ 的平均值分别为 $0.579℃$、$0.359℃$、$0.335℃$ 和 $0.265℃$，中值分别为 $0.343℃$、$0.309℃$、$0.238℃$、$0.228℃$。结果表明，深度学习方法（DL、NISDL 方法 Ⅰ 和 Ⅱ）均优于非线性模型（NIPST），且有 SSI 的方法（NISDL 方法 Ⅰ 和 Ⅱ）优于无 SSI 的方法（DL）。

本书给出的误差分布如图 4-20 和表 4-8 所示。DL、NISDL 方法 Ⅰ 和 Ⅱ 的误差主要集中在 0～0.75℃ 范围内。NISDL 优于 DL，因为与 [0, 0.25) 对应的 NISDL 的两个错误率分别为 52.25% 和 55.62%。此外，[0.25，0.5) 和 [0.5，0.75) 所对应的 NISDL 的错误率均小于 DL。NIPST 的错误率从 [0.75，1) 的区间增加，说明 NIPST 的性能比 DL、NISDL 方法 Ⅰ 和 Ⅱ 差。

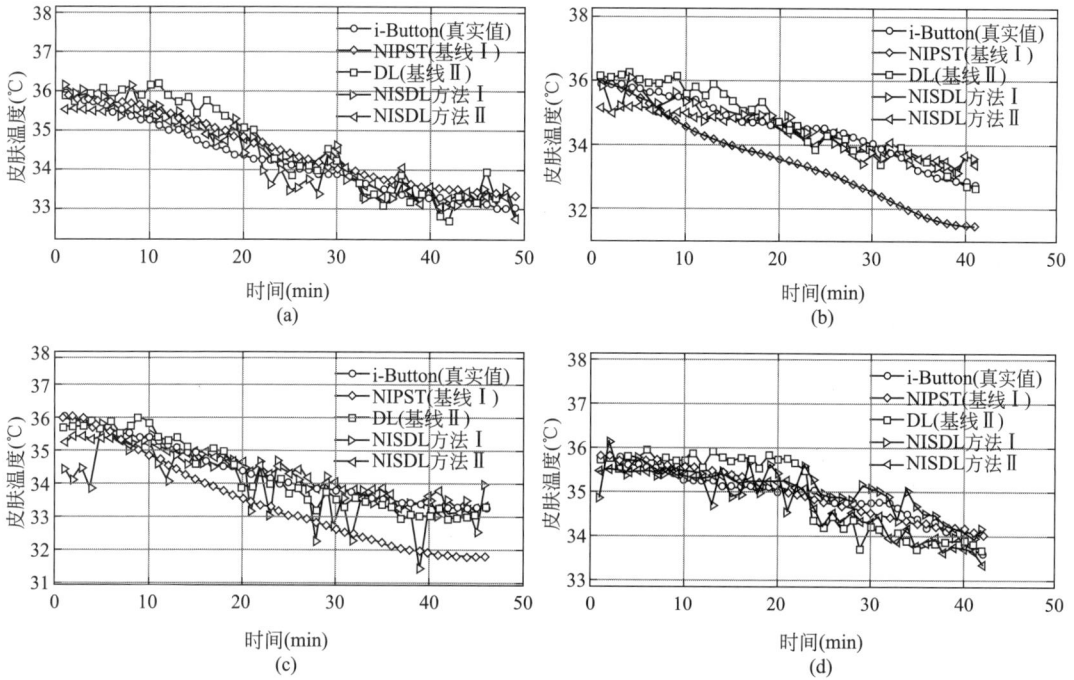

图 4-18　实际真值、基线和 NISDL 之间的皮肤温度比较

[（a）～（d）为 4 个测试集的比较结果]

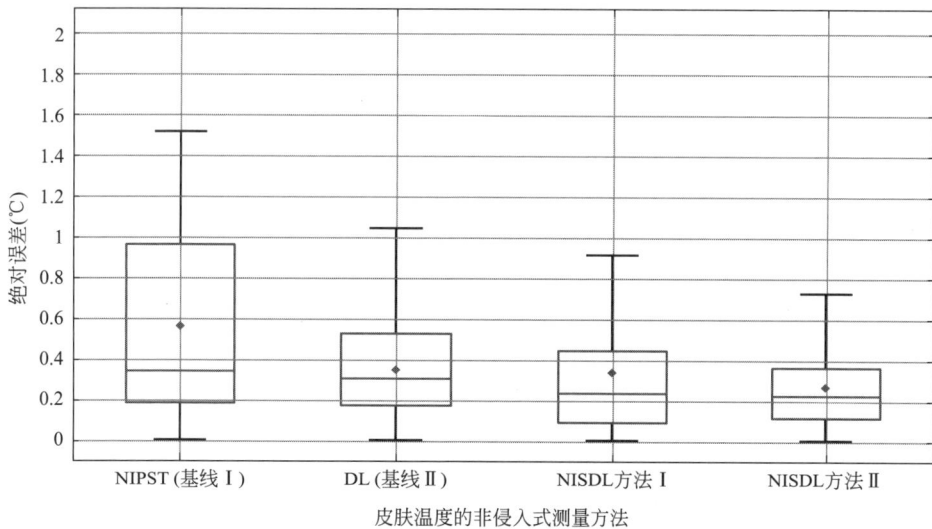

图 4-19　基线和 NISDL 之间的误差统计箱形图

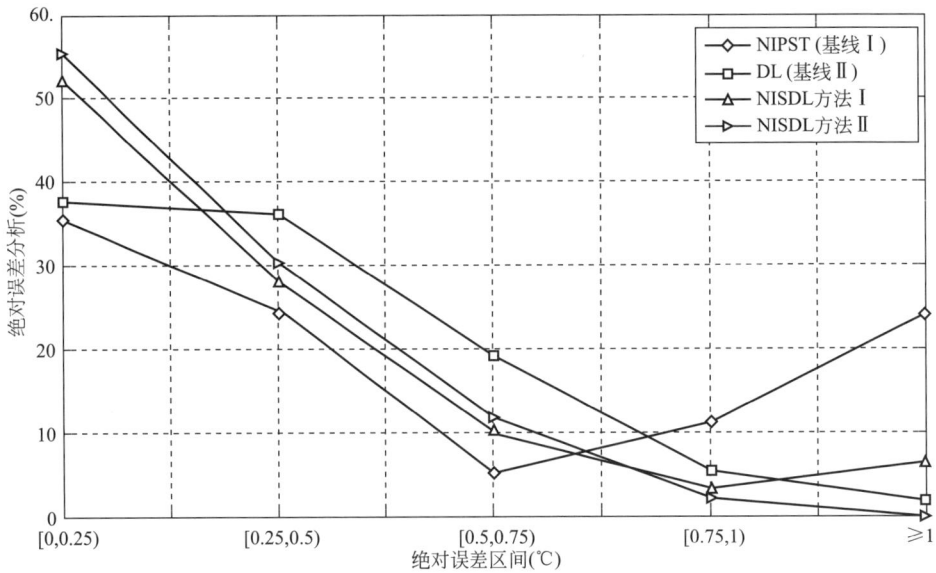

图 4-20　基线与 NISDL 的误差分布比较

绝对误差分布　　　　　　　　　　　　　　　　　　　　　　　　表 4-8

绝对误差(℃)	NIPST(%)	DL(%)	NISDL 方法 I（%）	NISDL 方法 II（%）
[0,0.25)	35.39	37.64	52.25	55.62
[0.25,0.5)	24.16	35.96	28.09	30.34
[0.5,0.75)	5.06	19.10	10.11	11.80
[0.75,1)	11.24	5.62	3.37	2.25
≥1	24.16	1.69	6.18	0

4.5.4　总结

NISDL 采用一种微变放大技术，即欧拉视频放大算法（EVM），对皮肤纹理变化进行放大。为了克服个体间的差异，本书作者提出了与皮肤饱和度相关的皮肤敏感性指数 SSI。NISDL 方法 I 和 II 都属于深度学习算法。此外，为算法比较而生成的 DL 也是一种深度学习算法。从图 4-19 和图 4-20 可以看出，有 SSI 的 NISDL 算法的性能要优于无 SSI 的 DL 算法。

虽然 NISDL 和 DL 都比 NIPST 好，但是 NISDL 和 DL 之间仍然有很大的差距。图 4-19、图 4-20 和表 4-8 显示出 NISDL 比 DL 更好。其主要原因是 NISDL 中使用了 SSI。NISDL 方法 II 的性能优于 NISDL 方法 I。此外，在网络的后半段提取 SSI 特征并将其与感兴趣区域的图像特征连接时，性能会更好。

本书作者在比较实验中，把 SSI 从不同的位置放入网络训练，都取得了不错的结果。当从网络 DL 中去除 SSI 值时，相应的性能显著下降。由此可知，SSI 有助于通过深度学习网络预测皮肤温度。

本章参考文献

［1］Fanger P O. Thermal comfort：Analysis and applications in environmental engineering ［M］. Copen-hagen，Denmark：Danish Technical Press，1970.

［2］Liu W，Lian Z，Zhao B. A neural network evaluation model for individual thermal comfort ［J］. Ener-gy and Buildings，2007，39（10）：1115-1122.

［3］Zagreus L，Huizenga C，Arens E，et al. Listening to the occupants：a Web-based indoor environmen-tal quality survey ［J］. Indoor Air，2004，14（8）：65-74.

［4］Zhao Q，Zhao Y，Wang F，et al. A data-driven method to describe the personalized dynamic thermal comfort in ordinary office environment：From model to application ［J］. Building and Environment，2014，72：309-318.

［5］Ghahramani A，Tang C，Becerik-Gerber B. An online learning approach for quantifying personalized thermal comfort via adaptive stochastic modeling ［J］. Building and Environment，2015，92：86-96.

［6］Liu C，Torralba A，Freeman W T，et al. Motion magnification ［J］. ACM Transactions on Graphics （TOG），2005，24（3）：519-526.

［7］Wang J，Drucker S M，Agrawala M，et al. The cartoon animation filter ［J］. ACM Transactions on Graphics （TOG），2006，25（3）：1169-1173.

［8］Poh M Z，McDuff D J，Picard R W. Non-contact，automated cardiac pulse measurements using video imaging and blind source separation ［J］. Optics Express，2010，18（10）：10762-10774.

［9］Fathy R A，Wang H，Ren L. Comparison of UWB Doppler radar and camera based photoplethysmog-raphy in non-contact multiple heartbeats detection ［C］. 2016 IEEE Topical Conference on Biomedical Wireless Technologies，Networks，and Sensing Systems （BioWireless）. Austin，TX，USA，2016：25-28.

［10］Fuchs M，Chen T，Wang O，et al. Real-time temporal shaping of high-speed video streams ［J］. Computers & Graphics，2010，34（5）：575-584.

［11］Wu H Y，Rubinstein M，Shih E，et al. Eulerian video magnification for revealing subtle changes in the world ［J］. ACM Transactions on Graphics （TOG），2012，31（4）：1-8.

［12］Rubinstein M，Wadhwa N，Durand F，et al. Revealing Invisible Changes in the World ［J］. Science，2013，339（6119）：519-519.

［13］Wadhwa N，Rubinstein M，Durand F，et al. Phase-based video motion processing ［J］. ACM Trans-actions on Graphics （TOG），2013，32（4）：1-10.

［14］Elgharib M，Hefeeda M，Durand F，et al. Video magnification in presence of large motions ［C］. Proceedings of the IEEE Conference on Computer Vision and Pattern Recognition. Boston，MA，USA，2015：4119-4127.

［15］Smith A R. Color gamut transform pairs ［J］. ACMSiggraph Computer Graphics，1978，12（3）：12-19.

［16］Gonzalez R C，Woods R E. Digital Image Processing ［M］. New York：Pearson education india，2008.

［17］Wadhwa N，Wu H Y，Davis A，et al. Eulerian video magnification and analysis ［J］. Communica-tions of the ACM，2016，60（1）：87-95.

［18］Szegedy C，Vanhoucke V，Ioffe S，et al. Rethinking the inception architecture for computer vision ［C］. Proceedings of the IEEE conference on Computer Vision and Pattern Recognition. Las Vegas，

NV，USA，2016：2818-2826.

［19］ Cheng X，Yang B，Olofsson T，et al. A pilot study of online non-invasive measuring technology based on video magnification to determine skin temperature ［J］. Building and Environment，2017，121：1-10.

［20］ Cheng X，Li B，Chen Q. On-Line Structural Breaks Estimation for Non-stationary Time Series Models ［J］. China Communications，2011，8（7）：95-104.

［21］ Huang G，Liu Z，Van DerMaaten L，et al. Densely connected convolutional networks ［C］. Proceedings of the IEEE conference on computer vision and pattern recognition. Honolulu，HI，USA，2017：4700-4708.

［22］ Yang B，Cheng X，Dai D，et al. Real-time and contactless measurements of thermal discomfort based on human poses for energy efficient control of buildings ［J］. Building and Environment，2019，162：106284.

5 基于姿态估计的热舒适检测

5.1 姿态估计

为了解决接触式和半接触式检测人体热舒适方法带来的不便，我们不仅提出了基于视频放大技术与皮肤纹理的热舒适感知方法，而且还采用了姿态估计的方法。该方法对人体在热不适的环境下所展现出来的姿态进行捕捉，获取骨骼关键节点的二维坐标，同时对个人体姿态设计相应算法，实现对姿态的估计。

5.1.1 基于 OpenPose 的姿态估计算法

本书作者[1,2] 使用了 OpenPose 检测库来识别人体姿态，以确定热舒适状态，针对 Meier 提出的 5 种热不适姿态构造了 5 个子算法，同时邀请了 16 位参与者来获取数据并验证他所提出的算法。表 5-1 是从 Meier 建立的热不适相关姿态库中选择的 5 种姿态。

5 种热不适姿态　　　　　　　　　　　　　　　　　　　　　　表 5-1

状态	姿态
热	舒展
	甩动头发
冷	搓手
	扣扣子
	颤抖

OpenPose[3~5] 是由卡耐基梅隆大学提出的开源的实时多人关键点检测库，属于自底向上的姿态估计方法。即先检测出图像中所有的人体关键点，再对这些关键点进行匹配、分组和连接以获得最终的人体姿态。它是基于卷积神经网络和监督学习，并且以 caffe 为框架的开源库，能够通过图像、视频或者摄像头的实时拍摄，实现对人的面部、手部以及身体的关键点的检测[6]。使用 OpenPose 在人体的各个部分标记的关键点分布如图 5-1 所示。

姿态估计主要是通过身体关键点之间的对应关系来实现的。在使用 OpenPose 检测人体关键点时，算法开始读取 OpenPose 拍摄的图片和保存关键点的文件。文件中关键点的坐标由指令读取，并保存为数组。根据所设计的 5 种子算法，识别姿态并在相关的图片上显示姿态名称。图 5-2 为算法流程图。

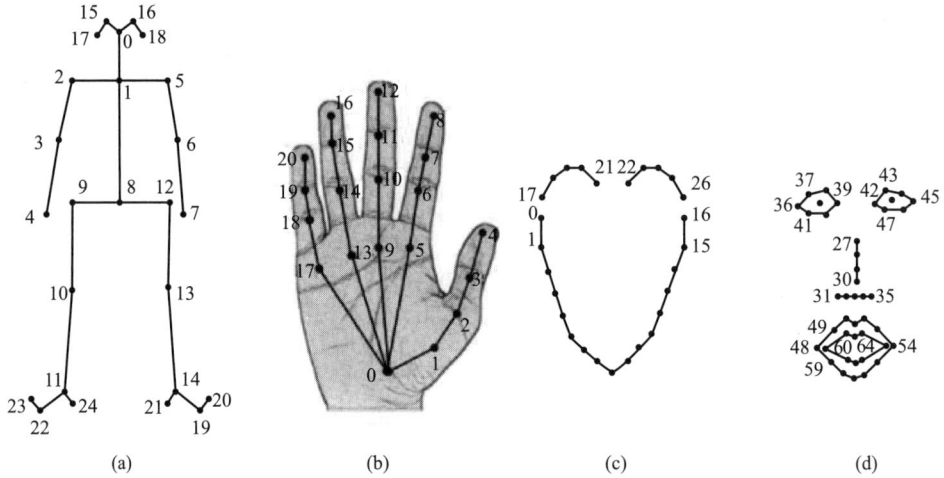

图 5-1　人体的关键节点

（a）人体骨骼关键点；（b）手部关键点；（c）脸部轮廓关键点；（d）面部关键点

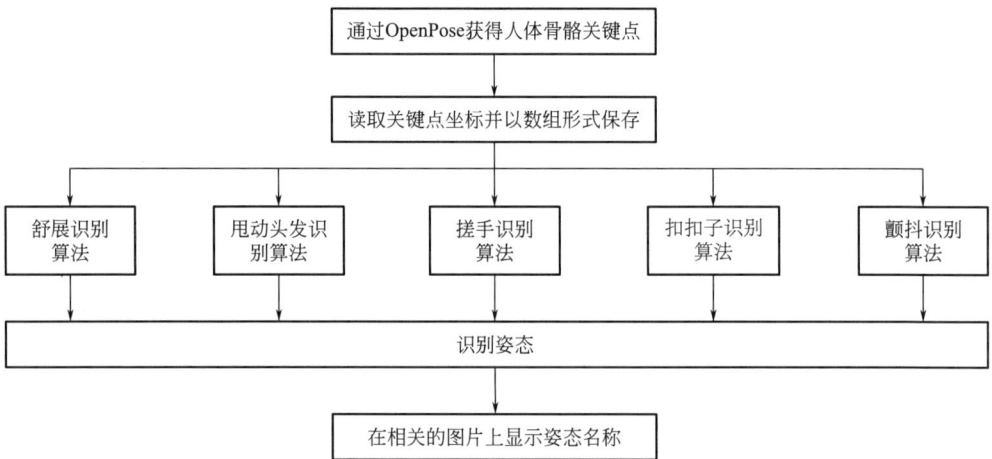

图 5-2　算法流程图

5.1.2　算法描述

每个骨骼关键点由三个值组成，前两个值代表坐标，第三个值代表置信度。每个姿态主要由点之间的位置关系和点之间的欧氏距离来判断。两点间的欧氏距离由式（5-1）计算所得。

$$d = \sqrt{(x_1 - x_2)^2 + (y_1 - y_2)^2}　　　　　(5-1)$$

对于相同的姿态，由于每个人的体型可能不同，计算出的点之间的欧氏距离也不同，这可能导致对姿态的估计不正确。为了避免这个问题，我们通过式（5-2），将被测者手腕到肘部的欧氏距离作为参考距离。

$$d' = \sqrt{(x_3 - x_4)^2 + (y_3 - y_4)^2}　　　　　(5-2)$$

式（5-2）中的下标对应人体的右肘和右腕。根据式（5-3），将点间距离转换为点间距离与参考距离的比值 ρ。

$$\rho = \frac{d'}{d} \tag{5-3}$$

根据人体热舒适，并结合 Meier 定义的五种姿态，本书作者设计了以下五种算法。将包含坐标的数组导入算法，当计算结果满足定义的姿态条件时，返回该姿态的名称。表 5-2 给出了舒展姿态估计算法。通过计算手腕到臀部的距离，比较手腕和肘关节的 x 坐标值，得到姿态估计的结果。

舒展姿态估计算法　　　　　　　　　　　　　　　　　　　　表 5-2

舒展姿态估计算法具体流程
输入:关键点数组: $D = \{(x_0,y_0),(x_1,y_1),\cdots\cdots,(x_{24},y_{24})\}$
算法步骤:
1:计算从左(右)腕点到左(右)臀点 d 的欧氏距离
2:计算参考距离 d'
3:计算 d' 和 d 的比值 ρ
4:if $\rho > 0.6$ and $x_3 < x_4$ and $x_6 > x_7$
输出:舒展体态,热

表 5-3 给出了甩动头发的姿态估计算法。姿态检测是一个动态过程。为了实现这种连续运动估计，需要选择一组连续的图像作为算法的输入。本书作者将图像数量设置为 60，然后以循环的方式对图像进行两两比较，计算前后两帧耳朵关键点之间的距离。为了避免人体整体运动引起的点变化，还需要计算前后两帧鼻子关键点之间的距离。由于这个姿态是一个连续的动作，任何两帧图像之间的条件可能都不满足。在判断过程中，计算两帧图之间的计算结果满足条件的案例数。最后，将计数器的结果与 60 进行比较。如果比较的结果超过了定义的阈值，则返回姿态的名称。

甩动头发姿态估计算法　　　　　　　　　　　　　　　　　　表 5-3

甩动头发姿态估计算法具体流程
输入:关键点数组: $D = \{(x_0,y_0),(x_1,y_1),\cdots\cdots,(x_{24},y_{24})\}$
算法步骤:
1:初始化计数器:count=0
2:for $i = 1,\cdots,60$ do
3:计算左耳关键点在数集 D_i 和 D_{i+1} 之间的距离 d_1
4:计算鼻子关键点在数集 D_i 和 D_{i+1} 之间的距离 d_2
5:if $d_1 > 15$ and $d_2 < 5$
6:计数器累计加 1:count+=1
7:end for
8:if count > 60/10
输出:甩动头发,热

表 5-4 给出了搓手的姿态估计算法。首先，需要计算左、右手腕点的距离，确保双手握紧。其次，计算前后两帧间手腕点的距离，并使用前面算法中提到的方法进行姿态判断。最后，返回姿态的名称。

搓手姿态估计算法　　　　　　　　　　　　　　　　表 5-4

搓手姿态估计算法具体流程
输入:关键点数组:$D=\{(x_0,y_0),(x_1,y_1),\cdots\cdots,(x_{24},y_{24})\}$
算法步骤:
1:初始化计数器:count＝0
2:计算左手腕关键点到右手腕关键点的欧氏距离 d
3:计算参考距离 d'
4:计算 d' 和 d 的比值 ρ
5:if $\rho>1$
6:for $i=1,\cdots\cdots,60$ do
7:计算左手腕关键点在数集 D_i 和 D_{i+1} 之间的距离 d_1
8:if $2<d_1<15$
9:count＋＝1
10:end for
11:if count>(60/8)
输出:搓手,冷

表 5-5 给出了扣扣子的姿态估计算法。与之前舒展姿态的估计算法类似,需要比较腕部与肩部关键节点的位置,计算手腕与颈部关键节点之间的距离来实现姿态估计。

扣扣子姿态估计算法　　　　　　　　　　　　　　　表 5-5

扣扣子姿态估计算法具体流程
输入:关键点数组:$D=\{(x_0,y_0),(x_1,y_1),\cdots\cdots,(x_{24},y_{24})\}$
算法步骤:
1:计算左或右手腕关键点到颈部关键点的欧氏距离 d
2:计算参考距离 d'
3:计算 d' 和 d 的比值 ρ
4:if $\rho>1$ and $x_4<x_5$
输出:扣扣子,冷

颤抖的姿态与前四种姿态不同,因为它需要使用脸部的关键点。脸部有 70 个关键点,分布在脸部、嘴唇、鼻子和眼睛的轮廓上。一个人颤抖的时候,嘴唇更活跃。因此,主要选择嘴唇的点来检测颤抖的姿态。表 5-6 给出了颤抖的姿态估计算法。检测机制类似于甩动头发的姿态估计。通过计算嘴唇三个点在前后两帧之间的距离来完成姿态估计。

颤抖姿态估计算法　　　　　　　　　　　　　　　　表 5-6

颤抖姿态估计算法具体流程
输入:关键点数组:$D=\{(x_0,y_0),(x_1,y_1),\cdots\cdots,(x_{69},y_{69})\}$
算法步骤:
1:初始化计数器:count＝0
2:for $i=1,\cdots\cdots,60$ do
3:计算唇部 3 个关键点在数据 D_i 与 D_{i+1} 之间的距离 d_1,d_2,d_3
4:if $1.3<d_1<5$ and $1.3<d_2<5$ and $1.3<d_3<5$
5:count＋＝1
6:end for
7:if count>60/10
输出:颤抖,冷

5.1.3 算法结果展示

用五组图片展示了五种姿态的算法检测结果。每组图片包含四个部分，展示四个受试者的测试结果。图片中的每个部分包含两个框，顶部的文本框显示当前姿态的名称，算法检测到的姿态图片在文本框下方。四个部分中每个受试者的身高从高至低。

当人们感到热的时候，他们会试图伸展四肢来散热。例如，人们经常把手放在腰上，让身体和手臂尽可能地分开。因此，要求受试者将手放在腰部，这样算法就可以检测到这种舒展的姿态。图 5-3 显示了该算法识别的舒展姿态。

(a)

(b)

(c)

(d)

图 5-3　舒展姿态识别结果

长头发的人更容易受天气的影响。当感到热的时候，他们可能会甩动头发，以防止头发紧贴皮肤。在实验中，受试者用摇头代替甩动头发，因为这两种情况通常是同时发生的。图 5-4 显示了算法识别出的甩动头发姿态。

天气寒冷时，人们常常试图迅速搓手，通过摩擦产生热，为身体提供热量。图 5-5 为算法识别的搓手姿态。该算法根据被测者的连续动作来估计姿态。

在寒冷的天气里，人们会扣上衣服顶部的纽扣或按下衣服的领口，以减少衣服和胸部之间的空气流通。图 5-6 显示了算法识别的扣扣子姿态。算法根据受试者用左手或右手握住衣服的领口，通过算法估计当前的姿态。

在寒冷的天气里，人们往往会不由自主地颤抖，这是出于生理反应。更直观的表现是牙齿的抖动，所以我们试着去识别这个姿态。图 5-7 显示了算法识别的颤抖姿态，实验对象快速抖动牙齿，算法完成姿态检测。

图 5-4　甩动头发识别结果

图 5-5　搓手识别结果

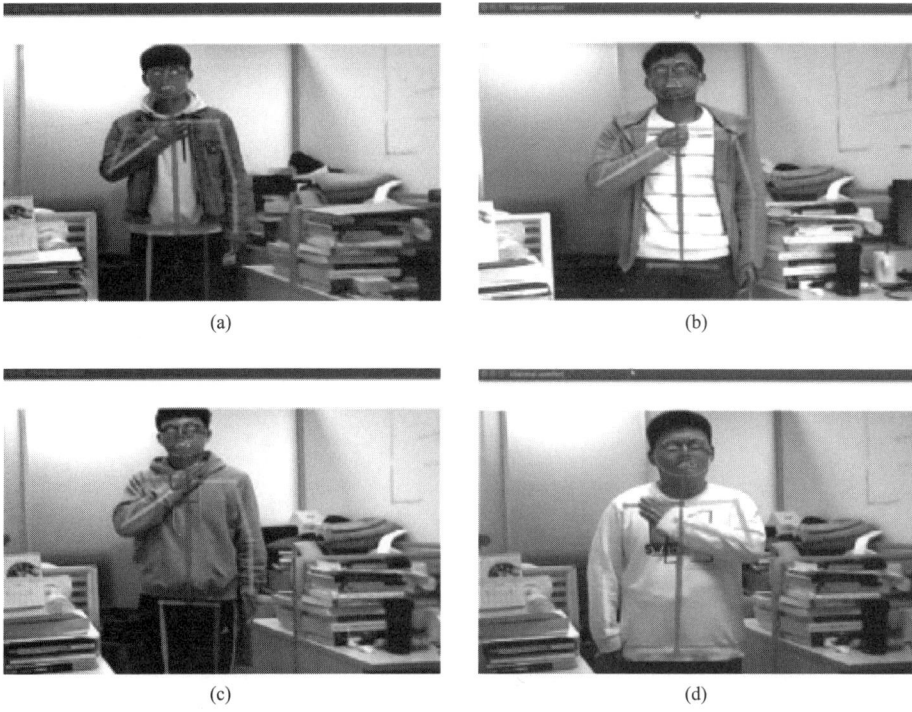

图 5-6 扣扣子识别结果

图 5-7 颤抖识别结果

5.1.4　总结

通过姿态估计的方法，可以确定人体的热舒适状态，从而将识别结果反馈给空调系统，实现室内环境的自动调节。由于每个人的体型不同，所以以点之间的距离作为判断的依据可能会导致检测错误。在算法中，本书作者决定以人的手腕到肘部关键点之间的距离作为参考距离，依靠比例关系来实现姿态检测。我们还选择了不同身高的受试者进行测试。从实验结果可以看出，对于不同体型的人，该算法能够正确检测出受试者何时做出了相同的姿态。

然而，该算法也存在一定的局限性。除了颤抖的姿态外，其他四个姿态都有明显的动作变化。此外在日常生活中，对于冷、热状态，人体产生的一些微小的动作也同样具有很大的研究价值。

5.2　NIMAP 模型

5.2.1　介绍

全球约21%的能源消耗发生在建筑部分，其中约一半消耗在为居住者提供热舒适的供暖、通风和空调（HVAC）系统[7,8]。但是，过热[9] 和过冷[10] 都无法达到热舒适要求，对暖通空调相关能源造成了一定的浪费。因此，有必要对能源和热舒适进行智能化管理[11,12]。实时、准确地测量人员热舒适状态，可以为需求控制提供反馈信号，从而降低暖通空调系统的能耗。人们提出了多种评价人体热舒适状况的方法，包括问卷调查法、环境参数测量法、接触生理测量法和半接触生理测量法等。Ghahramani 使用一个安装在眼镜框架上的红外传感器来测量皮肤温度[13,14]。然而，并不是每个人都戴眼镜，这限制了该方法的广泛应用。同样，智能手表通常被认为是接触式[15] 测量人体生理参数的工具。最近，有人提出了对人体热舒适状态的非接触测量方法，如基于视觉的皮肤血液灌注提取和呼吸定量[16,17]。当人感到寒冷时，血管收缩，身体散热面积减少，当人感到体温升高时，血管舒张、扇汗、擦汗等就会发生[18]。Meier 使用 Kinect 观察与热不适相关的姿态[19]。然而，Kinect 是一款拥有独家专利权的电脑游戏专用设备，不共享平台和源代码，不方便进行实验研究。热舒适是一种个人的、主观的感觉，随着人与周围热环境的相互作用而不断变化[20,21]。人体热舒适状况可以通过客观测量热环境参数或使用人员投票系统获得（与传统的纸质问卷相比，基于网络或智能手机应用程序的 OVS 为调查提供了可访问性）[22,23]。为了避免人体的参与，本书作者提出了一种非接触式人体热舒适测量方法。该方法依赖于从 OpenPose 模型中获得的姿态。人体姿态可以通过数码相机进行捕获（易于在手机和电脑中存储），并被数字化。本书作者定义了反映人体热舒适状态的 12 种姿态，将 Open-Pose 数据与通过问卷调查获得的热不适感知相结合，构建了一种新的人体姿态识别算法，包括 12 个子算法，12 种姿态可以估计出来。此外，我们还邀请受试者进行算法验证，并收集了大数据集。

本书作者主要贡献如下：

（1）基于369份调查问卷，定义了12种人体热不适姿态；

（2）提出了一种基于普通电脑或手机摄像头数据的人体热舒适状态估计方法；

（3）提出了一种基于 OpenPose 的实时非接触人体热舒适测量算法。

5.2.2　相关工作

人体热感觉是一种涉及人的心理和环境相互作用的主观感觉。Fanger 从 20 世纪 70 年代开始探索热舒适问题，并创立了稳态热舒适理论[20]。在此基础上，几十年来许多研究者对这一课题进行了研究。问卷调查是一种有效的、以人为本的热环境主观评价方法[24]。然而，对于居住者来说，通过传统的纸质问卷[25] 进行实时反馈并不是很方便。基于网络或智能手机应用程序的调查虽然更加便捷，但仍需个人参与。为了实现可接受热环境的实际目标，建筑领域仍然依赖于环境参数的测量，包括室内干球温度、相对湿度、空气速度和辐射温度。从室内参数恒定的角度定义热舒适环境，即"至少 80％的建筑居住者对热环境温度范围有心理上的满足"[26,27]。Liu[28] 对个体热舒适进行了研究，并基于反向传播神经网络构建了一个基于神经网络的模型来克服这一问题。Afroz[29] 提出了一种预测室内温度的非线性自回归网络，通过调整网络规模来提高预测模型的效率。而人体热舒适[21] 存在较大的个体差异。不同的人在相同的室内环境中有不同的感受。因此，许多研究者探索了生理测量方法，包括接触测量法、半接触测量法和非接触测量法。

皮肤温度是评估人体热舒适的中间变量。Wang[30] 研究了人体热感觉与上肢皮肤温度的关系。Nakayama[31] 估计了基于外围皮肤温度的人体热感觉，并进行了一个主观实验来分析外围皮肤温度和主观热感觉之间的关系。Liu[32]、Takada[33]、Sim[34]、Wu[35] 和 Chaudhuri[36] 提出了几种基于皮肤温度的热舒适预测方法。Yao[37] 探讨了心率变化（HRV）和脑电图（EEG）对热舒适评估的影响。结果表明，HRV 和 EEG 可以作为反映人体热舒适的因素。进一步，将机器学习方法引入到接触式生理测量方法中。Chaudhuri[38] 提出了数据驱动的方法，定义了 3 个热舒适水平：冷不舒适、舒适和热不舒适。利用这些层次，基于支持向量机（SVM）、人工神经网络（ANN）和 logistic 回归（LR）构建分类器。Dai[39] 将机器学习与皮肤温度相结合，提出了一种基于支持向量机的智能控制方法。验证结果表明，三个皮肤采样点可以提供足够的热舒适估计信息。采用线性核的SVM 分类器优于高斯核的 SVM 分类器。Kim[40] 提出了预测居住者热感觉的个人舒适模型。数据收集自个人舒适系统（PCS），并使用机器学习进行数据分析。

相关学者对半接触式测量方法也进行了研究。Ghahramani[13] 从人眼周围的三个采样点采集皮肤温度。在眼镜上构建红外传感器，并邀请部分受试者进行主观实验。Ghahramani[14] 采用无监督学习方法对采集的数据进行进一步分析，提出了一种基于隐马尔可夫模型来估计皮肤温度和热舒适的方法。

接触式测量法和半接触式测量法存在明显的缺点。人体生理参数的采集需要贴合式传感器，这阻碍了其广泛应用。作为解决方案，本书作者[41] 使用普通的电脑和手机摄像头来预测人体的热舒适，并提出了两种饱和温度（ST）模型，即基于 ST 模型的非接触热舒适测量和基于部分 ST 模型的非接触热舒适测量。该研究采用微变放大技术，欧拉视频放大结合大数据放大皮肤特征。该研究首次尝试对手背皮肤在强烈热刺激下进行非接触热舒适测量与评价。

近年来，深度学习技术常被应用于研究这一问题[42]。除了这项研究，其他许多研究

59

者[38~40]也尝试将机器学习和热舒适预测结合起来。机器学习技术主要使用 SVM 支持向量机[43~45]，使用公共数据集进行方法验证。Peng[46] 使用无监督和有监督学习来预测人员行为，提出了一种需求驱动的方法，并在某商业建筑的 11 个房间中进行了验证。

最近，人们提出了非接触的热不适评估方法。Meier 等人使用 Kinect 观察与热不适相关的姿态[19]，定义了与热不适相关的 4 种姿态，建立了基于姿态与热不适之间的关系，并用 Kinect 检测它们，同时提出了一个"热不适姿态库"来存储姿态信息。这些方法在实际中有很大的局限性。Kinect 是一种独特的设备，通常用于电脑游戏，它的使用受到许多独家专利权的限制。对于安装在眼镜上的红外传感器，也可以实现非接触式检测人体热不适。但并不是每个人都戴眼镜，因此这些技术的采用是有限的。然而，从实际应用的角度来看，由于人体姿态（或手势）可以反映人体热不适状态，非接触式热不适测量方法仍是一个有吸引力的研究方向。该方法更适用于工业化厂房等热不适行为频繁发生的场所。随着深度学习技术的发展，OpenPose 应运而生，它是一种基于深度学习的开源平台[47~49]。OpenPose 可生成人体骨骼的关键点坐标，可用于人体热不适的估计。本书作者基于OpenPose，提出了一种基于生理因素的非接触热不适感知方法。

5.2.3 研究方法

1. 提出定义和问卷调查

当人们感到热或冷时，身体会做出反应。这些都是生理反应，但也会受到文化和气候因素的影响。本书作者提出并定义了 12 种与热不适相关的姿态。如表 5-7 所示，动作有"擦汗""用手扇风""抖 T 恤""挠头""卷起袖子""走路""抖肩""交叉手臂""交叉腿""手绕脖子""呼气暖手""跺脚"。此外，擦汗和用手扇风的热不适程度为"热"，对应的得分为"3"。其他 10 种姿态有不同的热不适程度和评分。图 5-8 和图 5-9 展示冷热两种感觉的姿态在时间维度上的连续变化。本书考虑了坐立两种工作姿态。

基于 Fanger 的七分制的姿态定义　　　　　　　　　　表 5-7

序号	姿态类别	值	热舒适水平
1	擦汗	3	热
2	用手扇风	3	热
3	抖 T 恤	2	暖
4	挠头	2	暖
5	卷起袖子	1	较暖
6	走路	0	适中
7	抖肩	−1	较凉
8	交叉手臂	−2	凉
9	交叉腿	−2	凉
10	手绕脖子	−2	凉
11	呼气暖手	−3	冷
12	跺脚	−3	冷

为了评估本书定义的姿态是否与人体热感觉有关，使用了一份主观问卷。受试者被要求从下列选项中评估 12 种姿态：（1）这是感到冷的动作反应。（2）这是一种激烈的行动

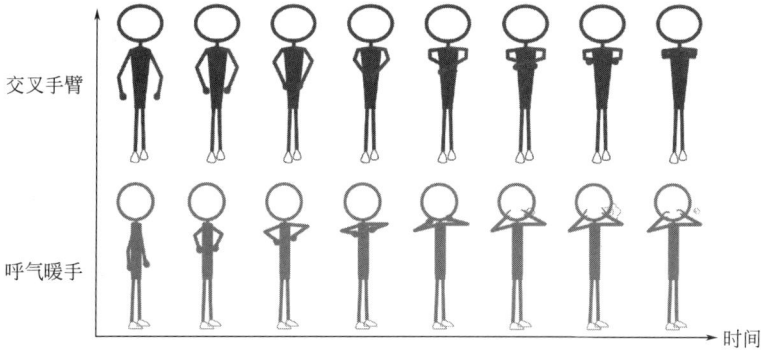

图 5-8 感觉冷的宏观姿态例子（像电影一样，显示连续运动的每一帧，
这里只展示了两种感觉冷的姿态作为典型例子）

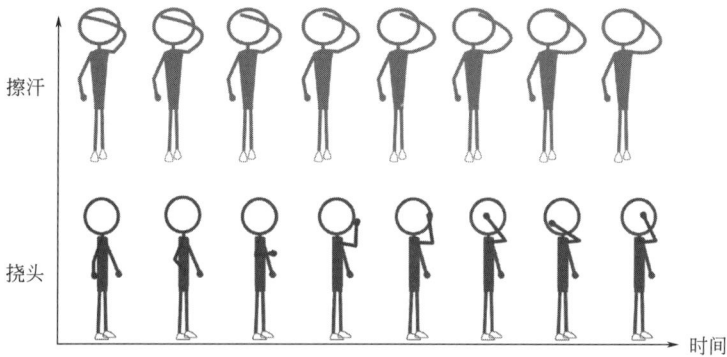

图 5-9 感觉热的宏观姿态例子（像电影一样，显示连续运动的每一帧，
这里只展示了两种感觉热的姿态作为典型例子）

反应。（3）都不。同时，还询问受试者是否同意表 5-7 中的预置值。此外，收集受试者的身高、体重、性别、年龄等人体测量数据。根据问卷调查结果，对算法进行设计和验证。共有 369 名受试者参与调查，其中男性 199 人，女性 170 人。部分老年受试者被邀请到我们的研究小组完成纸质问卷调查，大多数受试者通过手机完成电子问卷调查。受试者多为大学生、职工和退休职工。

2. 算法（见表 5-8）

基于非接触式、基于姿态的热不适评估算法 表 5-8

基于非接触式、基于姿态的热不适评估算法具体流程

输出：姿态类别，热舒适水平（−3,3），热偏好（−1,0,1）
步骤：
1. 监控视频预处理
  (1)帧提取。
  (2)De-noise。
  (3)兴趣区域（ROI）。
2. 搜索关键点坐标
  (1)调用 OpenPose 平台。
  (2)生成 Jason。
  (3)基于置信度（ε＝0.5）保存有价值的帧。

3. 基于 Jason(18×3)生成坐标矩阵

4. 计算标准距离(a),定义最近距离阈值($\tau=1.5$)

5. 姿态和热舒适评估

(1)计算相对欧式距离。

(2)计算斜率。

(3)计算移动速度。

(4)构建 10 种子算法,并调用 12 种姿态。其中:"走路"和"跺脚"属于同一个子算法,"手绕脖子"和"呼气暖手"属于同一个子算法。

(5)子算法是:①擦汗,②用手扇风,③抖 T 恤,④挠头,⑤卷起袖子,⑥走路、跺脚,⑦抖肩,⑧交叉手臂,⑨交叉腿,⑩手绕脖子、呼气暖手。

(6)设置参数:①擦汗:$L_r=1.8$,②用手扇风:$L_{r\_max}=120$,$L_{r\_min}=80$,③抖 T 恤:$L_r=1.8$,$L_{r\_max}=120$,$L_{r\_min}=80$,④挠头:$L_r=1.8$,⑤卷起袖子:$L_r=0.9$,⑥走路:$L_r=1.8$,跺脚:与"走路"的斜率相差30,⑦抖肩:$L_r=1.5$,⑧交叉手臂:$L_r=2$,⑨交叉腿:$L_r=1$,⑩手绕脖子、呼气暖手:$L_r=3$。

(7)对于不同的姿态,计算 L_r 的关键点是不同的。

6. 参数优化算法

人体会自然地调整姿态,以最大限度地提高热舒适。因此骨骼和关节的运动会在空间上产生各种变化。sp_i 指出了人体骨骼的关键点。因为普通相机捕捉的图像是二维的,所以 sp_i 定义为:

$$sp_i=[x_i,\ y_i],\ i=0,\cdots\cdots,k \tag{5-4}$$

式中,x_i,y_i 是图像空间的水平和垂直坐标;i 是人体骨骼的不同关键点及其编号;k 是关键点数的最大值。如果能准确得到 sp_i,就可以构造相应的算法来计算人体的运动和识别人体姿态。

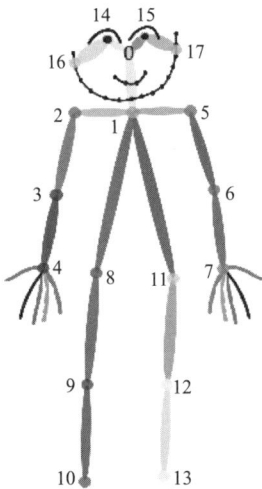

图 5-10 人体骨架与关键点

0—鼻子;1—颈部;2—右肩;3—右肘;4—右腕;
5—左肩;6—左肘;7—左腕;8—右髋关节;9—右膝;
10—右脚踝;11—左髋关节;12—左膝;13—左脚踝;
14—右眼;15—左眼;16—右耳;17—左耳

OpenPose 是一种卷积姿态机,可以为学习丰富的隐式空间模型提供顺序预测框架[37~39]。在此基础上,人体骨骼可以构建成数字形式。图 5-10 所示有 19 个关键点($k=18$)。骨骼的关键点是鼻子、颈部、右肩、右肘、右腕、左肩、左肘、左腕、右髋关节、右膝、右脚踝、左髋关节、左膝、左脚踝、右眼、左眼、右耳、左耳。对应的数字从 0 到 17。需要注意的是,$i=18$ 表示场景背景。

本书提出的算法框架如图 5-11 所示。若以池化和卷积为隐含层,则共使用 34 个隐含层。采用 OpenPose 直接获取人体骨骼关键点。基于骨骼关键点信息,构建了人体姿态捕获算法平台和 10 个子算法。如图 5-11 所示,一个人在办公室工作的图像是由一台普通的相机捕捉到的。通过预处理和 OpenPose 模块处理后,输出置信度为 z 的关键

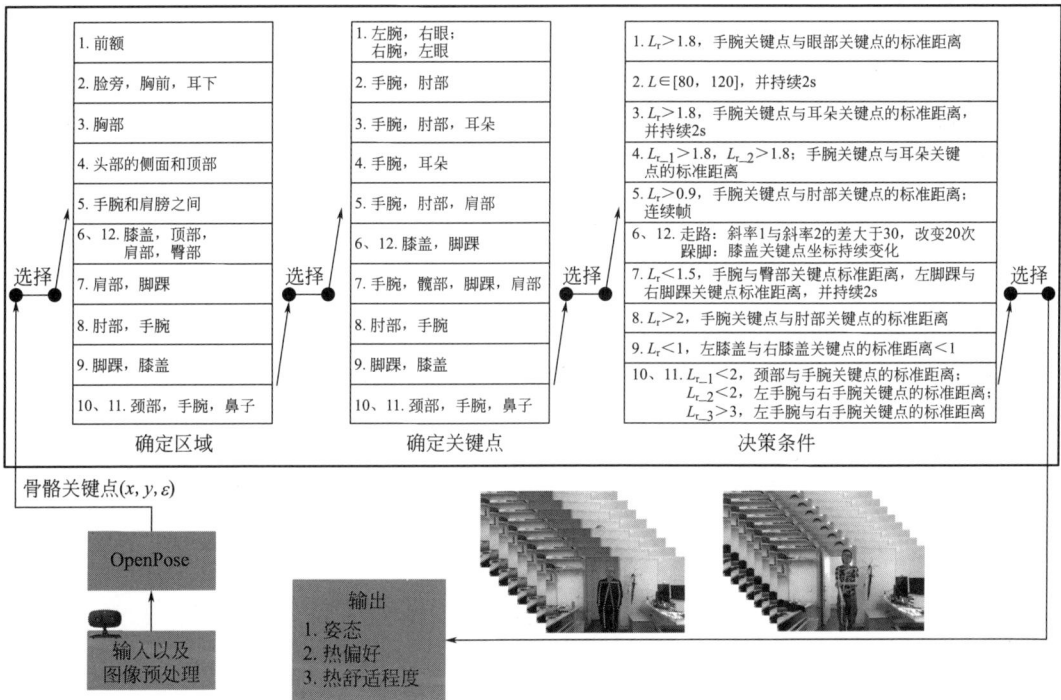

图 5-11 算法框架（针对 12 种姿态，设计了 10 个算法。将这 10 种算法归纳为确定区域、确定关键点和决策条件 3 个步骤）

点坐标。如果置信度小于阈值（$z<\varepsilon$），则图像将被丢弃。如果 $z\geqslant\varepsilon$ 时，将图像输入到姿态识别模块。最后，得到了该姿态的类型及其对应的热不适程度。

本书中，ε 值设为 0.5。当我们的算法平台工作时，视频从普通相机导入到 OpenPose。在 1s 内，可以收集 24 或 30 帧照片。我们的算法平台将丢弃所有置信度小于 0.5 的图片，将置信度大于等于 0.5 的图片存储在一个文件夹中。人体骨骼的所有关键点数据也将被保存在一个文件中。

本书给出了每种姿态估计的子算法。为了简化技术处理，"走路"和"踩脚"属于同一个子算法。同样，"手绕脖子"和"呼气暖手"属于同一个子算法。因此，本书针对不同的姿态共构建了 10 个子算法。

骨架关键点之间的距离（L）为欧氏距离。为方便计算，本书定义了一个标准距离，即

$$L_s = |sp_7 - sp_6| \tag{5-5}$$

式中，sp_7 表示左手腕；sp_6 表示左肘部。根据公式，可计算出关键点之间的相对距离。

$$L_r = \frac{L_s}{L} \tag{5-6}$$

计算不同的相对距离 L_r，并为不同的姿态识别设置不同的相对距离阈值。L_{r_max}、L_{r_min} 将被设置用来识别某些姿态，分别代表 L_r 的极大值与极小值。算法中还假定了数学斜率。此外，还利用连续图像帧中关键点的坐标变化进行姿态估计。

5.2.4 结果与讨论

1. 结果

为了验证本书提出的基于姿态的非接触热不适感知方法，邀请 369 名受试者对不同的人体姿态进行评估。在算法验证中，另一组受试者参与了实时测试。

在 32GB RAM 的 64 位计算机工作站上对算法进行了验证。算法的训练和测试需要一个图形处理单元（GPU）。本书采用的 GPU 为 NVIDIA GeForce GTX 980（1920×1080，32 位，60Hz），处理器为 Intel（R）Xeon（R）CPU E5-2687W V3@3.10 GHz。

图 5-12 总结了 369 份有效问卷的结果，其中男性 199 份，女性 170 份。大多数受试者年龄在 20~50 岁。测量受试者的身高并将其进行分组，间隔为 5cm。在所有身高区间中，(0, 160)、[160, 165)、[165, 170)、[170, 175)、[175, 180)、[180, 185)、[185, 190)、[190, +∞) 对应的被试人数分别为 59、85、70、63、52、32、5、3。质量的间隔为 5kg，在所有体重区间中，体重为 (0, 40)、[40, 45)、[45, 50)、[50, 55)、[55, 60)、[60, 65)、[65, 70)、[70, 75)、[75, 80)、[80, +∞) 对应的被试人数分别 2、13、46、67、52、60、32、45、30、22。

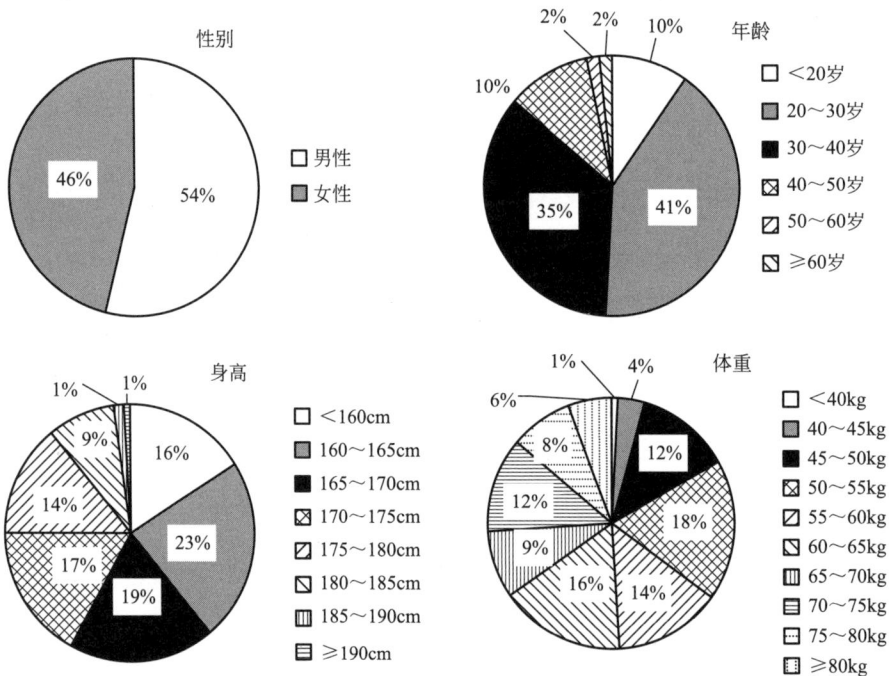

图 5-12 受试者的人体测量数据（性别、年龄、身高、体重）

在 Fanger 稳态热舒适理论的基础上，我们定义了热感觉、中性感觉和冷感觉的 12 种姿态，包括擦汗、用手扇风、抖 T 恤、挠头、卷起袖子、走路、抖肩、交叉手臂、交叉腿、手绕脖子、呼气暖手、跺脚。在问卷中，所有的受试者都需要评估本研究中定义的姿态对应的热感觉。需要注意的是，"走路"是一种中性的姿态，在问卷中没有被评估。11 种姿态的评估结果如图 5-13 所示。11 种姿态中的 9 种主观评估结果完全符合预期，其余 2

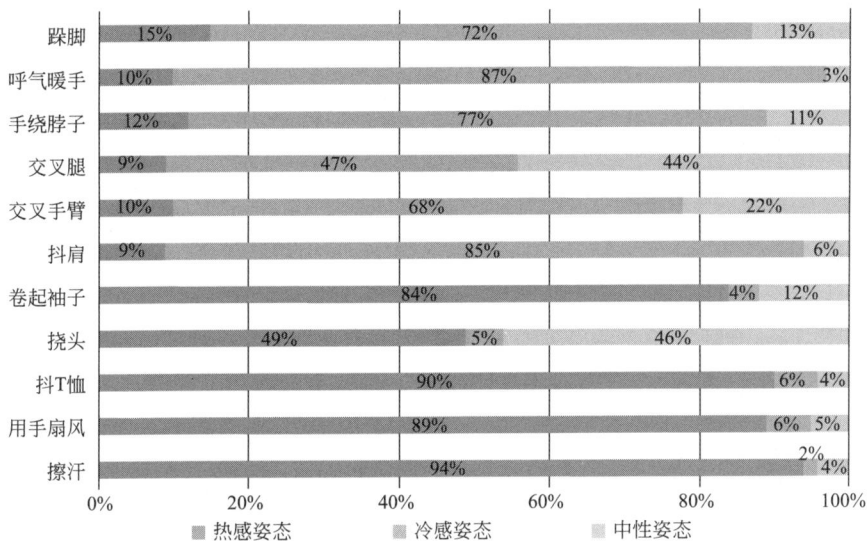

图 5-13 基于问卷的姿态主观解释（$N = 369$）

种姿态（交叉腿和挠头）部分符合预期。

图 5-14 是热感姿态与中性姿态的识别结果，对应的姿态分别是擦汗、用手扇风、抖 T 恤、挠头、卷起袖子、走路。图 5-15 为冷感姿态识别结果，对应的姿态分别是抖肩、交叉手臂、交叉腿、手挠脖子、呼气暖手、跺脚。当用数码相机捕捉图像时，通过 OpenPose 获得二维坐标，在此基础上采用 10 个子算法进行姿态识别。

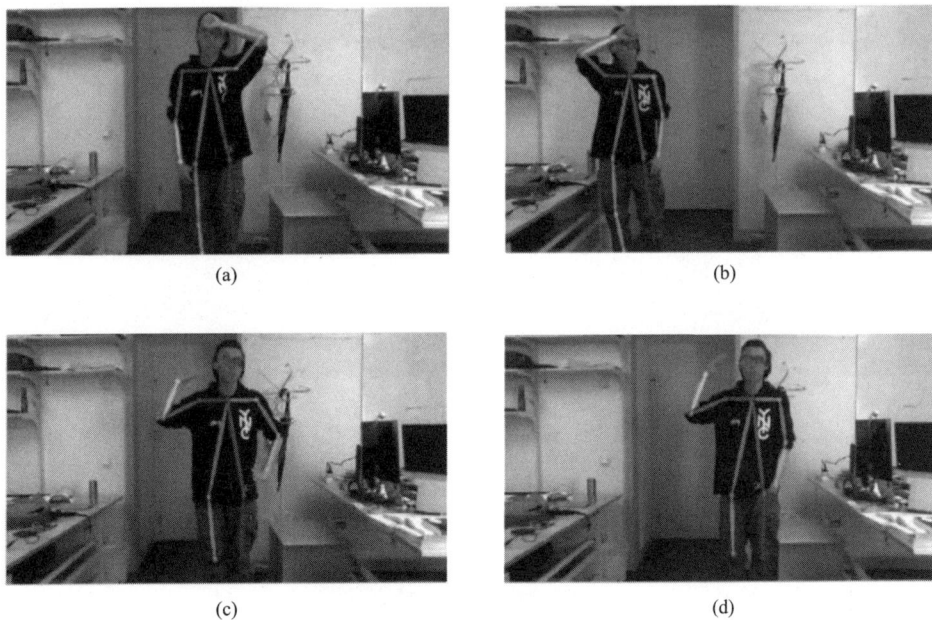

图 5-14 算法对热感姿态与中性姿态的识别结果（一）

（a）擦汗，热（第一帧）；（b）擦汗，热（第二帧）；（c）用手扇风，热（第一帧）；（d）用手扇风，热（第二帧）

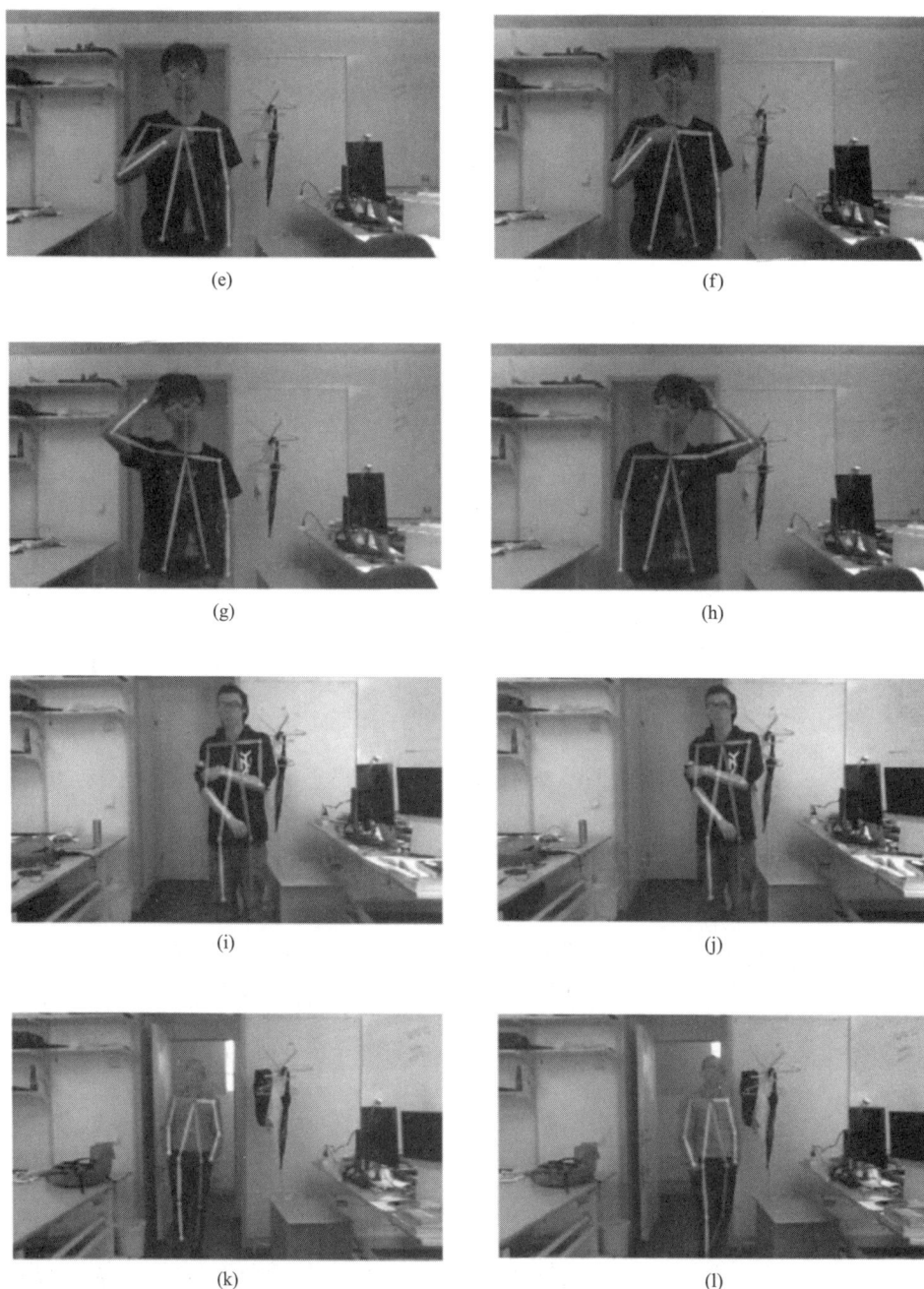

图 5-14　算法对热感姿态与中性姿态的识别结果（二）
(e) 抖 T 恤，热（第一帧）；(f) 抖 T 恤，热（第二帧）；(g) 挠头，热（第一帧）；(h) 挠头，热（第二帧）；
(i) 卷起袖子，热（第一帧）；(j) 卷起袖子，热（第二帧）；(k) 走路（第一帧）；(l) 走路（第二帧）

　　本书基于机器学习算法，采用精度这一性能指标对算法进行验证。计算了 12 种姿态的精度，计算了这 12 个精度的平均值。

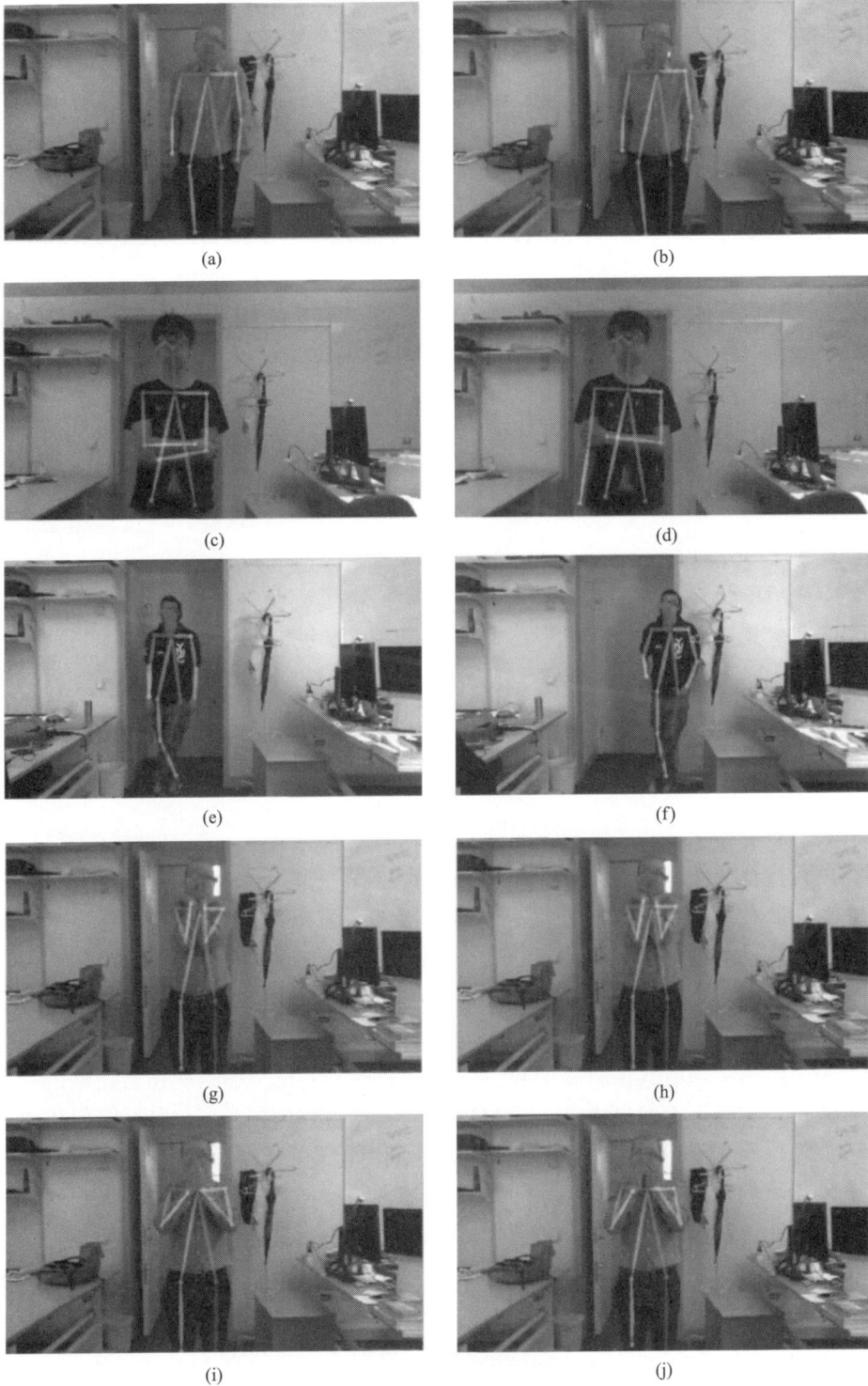

图 5-15 算法对冷感姿态的识别结果（一）

（a）抖肩，冷（第一帧）；（b）抖肩，冷（第二帧）；（c）交叉手臂，冷（第一帧）；（d）交叉手臂，冷（第二帧）；
（e）交叉腿，冷（第一帧）；（f）交叉腿，冷（第二帧）；（g）手挠脖子，冷（第一帧）；（h）手挠脖子，冷（第二帧）；
（i）呼气暖手，冷（第一帧）；（j）呼气暖手，冷（第二帧）

图 5-15 算法对冷感姿态的识别结果（二）
(k) 跺脚（第一帧）；(l) 跺脚（第二帧）

$$平均值 = \frac{F_{correct}}{F_{total}} \times 100\% \tag{5-7}$$

式中，F_{total} 是每个姿态的样本空间。F_{total} 是当 12 种姿态中的一种被验证时，相机捕获的所有视频帧的数量。$F_{correct}$ 是每个样本空间中正确评估的视频帧数。通过算法验证，本算法的精度均值为 86.37%。

2. 讨论与局限

这项研究为越来越多的非接触评估人体热不适的技术发展做出了贡献，重要的是实现了实时评估这一难点的突破，将结果与建筑的暖通空调控制系统联系起来。与先前通过皮肤温度和颜色[41] 推断热舒适的非接触技术相比，基于姿态的技术具有更小的侵入性，因为它只获取姿态而不是独特的个人生理信息。事实上，对这项技术更好的描述是对热不适的"远程"评估。

研究表明，与热不适相关的姿态是可以确定的。调查显示，有 12 种姿态可以被大多数人认出并普遍认同。两种姿态（交叉腿和挠头）在一定程度上符合我们的预期。例如，交叉腿是对寒冷的潜在生理反应，因为它减少了身体热量损失。然而，在 369 名受试者中，只有 47% 的人认为这是一种与冷感觉相关的姿态，有 40% 的人认为这是一种可能由其他原因引起的姿态，如愤怒、沮丧、快乐或恐惧。本书设想的可行的解决方案如下：如果行为信号用于控制区域 HVAC 系统，来自同一热区域内其他居住者的行为信号可以验证该信号是否由热不适或其他原因引起。可以使用同一区域内不同居住者之间的行为交叉验证。如果行为信号用于控制个人 HVAC 系统，则可以使用同一人员不同行为之间的交叉验证。例如，"交叉腿"可能和"交叉手臂"同时出现。姿态的频率或强度可能是解释其含义的线索。Meier 等人[19] 提出的"热不适姿态库"为数百个姿态创建了一个框架，其中一些姿态几乎只用于热不适，其他的只是偶尔适用。

人体热舒适存在个体间差异。本研究提出的算法是一种实时热不适感知方法。图像帧（通常为 24 帧/s 或 30 帧/s）可以通过算法进行处理。实时的姿态变化易于被捕获，并且可以克服个体差异。在算法的设计和调试阶段，针对不同的对象对相关参数进行了微调，给出了一个综合参数。

本研究进一步论证了用骨骼关键点来定义热姿态是可行的。结合 OpenPose 软件和本研究描述的算法，可以成功识别热不适姿态。此外，这个过程可以在不依赖昂贵的硬件或专有软件的情况下完成。该算法可与数码相机协同工作，共同集成于建筑物 HVAC 系统的智能控制平台中，以得到广泛的应用。然而，用户的图像（视频）收集可能被误解为侵犯隐私，可对面部模糊处理，避免收集和存储个人身份信息。

　　Meier[19] 也通过人体姿态估计来分析热不适。本书基于姿态估计的热舒适检测的研究方法与 Jung 等[16] 采用的方法主要有以下两点不同：（1）新的算法平台。在本研究中，构建了一个具有扩展函数的算法平台，供其他研究者开发新的子算法。（2）传感器用于数据采集。在参考文献 [19] 中，Kinect 通过近红外摄像机获取深度信息，进而构建骨架点信息。需要注意的是，Kinect 受到版权保护。在本研究中，OpenPose 通过普通相机获取骨架点信息，价格低廉，扩展性强。除了 OpenPose，我们的新算法平台可用于其他开源软件。在此基础上，可以通过开源软件开发出更多的热不适姿态估计子算法，不仅适用于人类，也适用于动物。

　　在算法验证过程中，偶尔也会出现一些负面结果。一般发生在运动识别的早期阶段。本研究基于人体骨骼的关键点，构建了与热不适相关的姿态识别算法。具体包括关键点位移、斜率、连体框架对比等信息。如果一个关键点识别错误，后续的条件判断将基于错误的关键点信息，从而导致错误的姿态估计。如果出现关键点识别错误，置信值小于 0.5 的帧数将会减少。在短时间内，由于可用于确定姿态的帧数不足，将会导致在姿态切换的前 1～2s 出现误判。

5.2.5　结论

　　本节研究了一种非接触方法来评估人体热感觉相关姿态。在第一阶段，一项调查被用来确定姿态是否可以归因于热感觉。在第二阶段，提出并测试了算法。结论可以概括如下：

　　（1）热不适相关的 12 种姿态的定义。

　　（2）本书给出的算法是利用 12 种熟悉的人体姿态，预测人体的热感觉水平。

　　（3）丰富的人体坐标信息有助于准确感知热姿态。

　　本研究未来的工作将是改进算法，识别更多的姿态，并用传统的热不适评估来校准观测的姿态。还将研究保护隐私的技术，避免收集和存储个人敏感信息。获得的人员冷暖信息将为建筑暖通空调系统控制提供反馈信号，实现按需供给，在保障人体热舒适的同时实现节能。

本章参考文献

[1] Qian J，Cheng X，Yang B，et al. Vision-based contactless pose estimation for human thermal discomfort [J]. Atmosphere，2020，11（4）：376.

[2] Yang B，Cheng X，Dai D，et al. Real-time and contactless measurements of thermal discomfort based on human poses for energy efficient control of buildings [J]. Building and Environment，2019，162：106284.

[3] Wei S E，Ramakrishna V，Kanade T，et al. Convolutional pose machines [C]. Proceedings of the IEEE conference on Computer Vision and Pattern Recognition. Las Vegas，NV，USA，2016：4724-4732.

[4] Simon T，Joo H，Matthews I，et al. Hand keypoint detection in single images using multiview boot-

strapping [C]. Proceedings of the IEEE conference on Computer Vision and Pattern Recognition. Honolulu, HI, USA, 2017: 1145-1153.

[5] Cao Z, Simon T, Wei S E, et al. Realtime multi-person 2D pose estimation using part affinity fields [C]. Proceedings of the IEEE conference on Computer Vision and Pattern Recognition. Honolulu, HI, USA, 2017: 7291-7299.

[6] Qiao S, Wang Y, Li J. Real-time human gesture grading based on OpenPose [C]. 2017 10th International Congress on Image and Signal Processing, BioMedical Engineering and Informatics (CISP-BMEI). Shanghai, China, 2017: 1-6.

[7] Yang L, Yan H, Lam J C. Thermal comfort and building energy consumption implications-a review [J]. Applied energy, 2014, 115: 164-173.

[8] Pérez-Lombard L, Ortiz J, Pout C. A review on buildings energy consumption information [J]. Energy and Buildings, 2008, 40 (3): 394-398.

[9] Wang Z, Ji Y, Ren J. Thermal adaptation in overheated residential buildings in severe cold area in China [J]. Energy and Buildings, 2017, 146: 322-332.

[10] Schiavon S, Yang B, Donner Y, et al. Thermal comfort, perceived air quality, and cognitive performance when personally controlled air movement is used by tropically acclimatized persons [J]. Indoor Air, 2017, 27 (3): 690-702.

[11] Korkas C D, Baldi S, Michailidis I, et al. Intelligent energy and thermal comfort management in grid-connected microgrids with heterogeneous occupancy schedule [J]. Applied Energy, 2015, 149: 194-203.

[12] Baldi S, Karagevrekis A, Michailidis I T, et al. Joint energy demand and thermal comfort optimization in photovoltaic-equipped interconnected microgrids [J]. Energy Conversion and Management, 2015, 101: 352-363.

[13] Ghahramani A, Castro G, Becerik-Gerber B, et al. Infrared thermography of human face for monitoring thermoregulation performance and estimating personal thermal comfort [J]. Building and Environment, 2016, 109: 1-11.

[14] Ghahramani A, Castro G, Karvigh S A, et al. Towards unsupervised learning of thermal comfort using infrared thermography [J]. Applied Energy, 2018, 211: 41-49.

[15] Li D, Menassa C C, Kamat V R. A personalized HVAC control smartphone application framework for improved human health and well-being [C]. Proceedings of 2017 International Workshop on Computing in Civil Engineering (IWCCE 2017). USA, Washington, 2017: 82-90.

[16] Jung W, Jazizadeh F. Vision-based thermal comfort quantification for HVAC control [J]. Building and Environment, 2018, 142: 513-523.

[17] Jazizadeh F, Jung W. Personalized thermal comfort inference using RGB video images for distributed HVAC control [J]. Applied Energy, 2018, 220: 829-841.

[18] Arens E A, Zhang H. The skin's role in human thermoregulation and comfort [J]. Thermal & Moisture Transport in Fibrous Materials, 2006: 560-602.

[19] Meier A, Dyer W, Graham C. Using human gestures to control a building's heating and cooling System [C]. Proceedings of the 9th International Conference on Energy Efficiency in Domestic Appliances and Lighting (EEDAL). Irvine, California, USA, 2017: 627-635.

[20] Fanger P O. Thermal comfort: Analysis and applications in environmental engineering [M]. Copenhagen, Denmark: Danish Technical Press, 1970.

[21] Wang Z, de Dear R, Luo M, et al. Individual difference in thermal comfort: A literature review

[J]. Building and Environment, 2018, 138: 181-193.

[22] Rupp R F, Vásquez N G, Lamberts R. A review of human thermal comfort in the built environment [J]. Energy and Buildings, 2015, 105: 178-205.

[23] Jung W, Jazizadeh F. Human-in-the-loop HVAC operations: A quantitative review on occupancy, comfort, and energy-efficiency dimensions [J]. Applied Energy, 2019, 239: 1471-1508.

[24] Zhao Q, Zhao Y, Wang F, et al. A data-driven method to describe the personalized dynamic thermal comfort in ordinary office environment: From model to application [J]. Building and Environment, 2014, 72: 309-318.

[25] Ghahramani A, Tang C, Becerik-Gerber B. An online learning approach for quantifying personalized thermal comfort via adaptive stochastic modeling [J]. Building and Environment, 2015, 92: 86-96.

[26] GA: American Society of Heating, Refrigeration and Air-Conditioning Engineers. ANSI/ASHRAE standard 55-2013 Thermal Environmental Conditions for Human Occupancy [S]. Atlanta: ASHRAE Bookstore, 2013.

[27] Technical Committee ISO/TC 159/SC 5. ISO 7730: 2005 Ergonomics of the thermal environment — Analytical determination and interpretation of thermal comfort using calculation of the PMV and PPD indices and local thermal comfort criteria [S]. Geneve: International Organization for Standardization, 2005.

[28] Liu W, Lian Z, Zhao B. A neural network evaluation model for individual thermal comfort [J]. Energy and Buildings, 2007, 39 (10): 1115-1122.

[29] Afroz Z, Urmee T, Shafiullah G M, et al. Real-time prediction model for indoor temperature in a commercial building [J]. Applied Energy, 2018, 231: 29-53.

[30] Wang D, Zhang H, Arens E, et al. Observations of upper-extremity skin temperature and corresponding overall-body thermal sensations and comfort [J]. Building and Environment, 2007, 42 (12): 3933-3943.

[31] Nakayama K, Suzuki T, Kameyama K. Estimation of thermal sensation using human peripheral skin temperature [C]. Proceedings of the IEEE International Conference on Systems, Man and Cybernetics (SMC2009). San Antonio, TX, USA, 2009: 2872-2877.

[32] Liu W, Lian Z, Deng Q, et al. Evaluation of calculation methods of mean skin temperature for use in thermal comfort study [J]. Building and Environment, 2011, 46 (2): 478-488.

[33] Takada S, Matsumoto S, Matsushita T. Prediction of whole-body thermal sensation in the non-steady state based on skin temperature [J]. Building and Environment, 2013, 68: 123-133.

[34] Sim S Y, Koh M J, Joo K M, et al. Estimation of thermal sensation based on wrist skin temperatures [J]. Sensors, 2016, 16 (4): 420.

[35] Wu Z, Li N, Cui H, et al. Using upper extremity skin temperatures to assess thermal comfort in office buildings in Changsha, China [J]. International Journal of Environmental Research and Public Health, 2017, 14 (10): 1092.

[36] Chaudhuri T, Zhai D, Soh Y C, et al. Thermal comfort prediction using normalized skin temperature in a uniform built environment [J]. Energy and Buildings, 2018, 159: 426-440.

[37] Yao Y, Lian Z, Liu W, et al. Heart rate variation and electroencephalograph-the potential physiological factors for thermal comfort study [J]. Indoor Air, 2009, 19 (2): 93-101.

[38] Chaudhuri T, Soh Y C, Li H, et al. Machine learning based prediction of thermal comfort in buildings of equatorial Singapore [C]. Proceedings of the IEEE International Conference on Smart Grid and Smart Cities (ICSGSC). Singapore, 2017: 72-77.

[39] Dai C, Zhang H, Arens E, et al. Machine learning approaches to predict thermal demands using skin temperatures: Steady-state conditions [J]. Building and Environment, 2017, 114: 1-10.

[40] Kim J, Zhou Y, Schiavon S, et al. Personal comfort models: Predicting individuals' thermal preference using occupant heating and cooling behavior and machine learning [J]. Building and Environment, 2018, 129: 96-106.

[41] Cheng X, Yang B, Olofsson T, et al. A pilot study of online non-invasive measuring technology based on video magnification to determine skin temperature [J]. Building and Environment, 2017, 121: 1-10.

[42] LeCun Y, Bengio Y, Hinton G. Deep learning [J]. Nature, 2015, 521 (7553): 436-444.

[43] Farhan A A, Pattipati K, Wang B, et al. Predicting individual thermal comfort using machine learning algorithms [C]. Proceedings of the IEEE International Conference on Automation Science and Engineering (CASE). Gothenburg, Sweden, 2015: 708-713.

[44] Megri A C, El Naqa I. Prediction of the thermal comfort indices using improved support vector machine classifiers and nonlinear kernel functions [J]. Indoor and Built Environment, 2016, 25 (1): 6-16.

[45] Peng B, Hsieh S J. Data-driven thermal comfort prediction with support vector machine [C]. Proceedings of the ASME 2017 12th International Manufacturing Science and Engineering Conference (MSEC). Los Angeles, California, USA, 2017: 1-8.

[46] Peng Y, Rysanek A, Nagy Z, et al. Using machine learning techniques for occupancy-prediction-based cooling control in office buildings [J]. Applied Energy, 2018, 211: 1343-1358.

[47] Wei S E, Ramakrishna V, Kanade T, et al. Convolutional pose machines [C]. Proceedings of the IEEE International Conference on Computer Vision and Pattern Recognition Conference (CVPR 2016). Las Vegas, Nevada, USA, 2016: 4724-4732.

[48] Simon T, Joo H, Matthews I, et al. Hand keypoint detection in single images using multiview bootstrapping [C]. Proceedings of the IEEE International Conference on Convolutional Pose Machines, Computer Vision and Pattern Recognition Conference (CVPR 2017). Honolulu, Hawaii, USA, 2017: 1145-1153.

[49] Cao Z, Simon T, Wei S E, et al. Realtime multi-person 2D pose estimation using part affinity fields [C]. Proceedings of the IEEE International Conference on Convolutional Pose Machines, Computer Vision and Pattern Recognition Conference (CVPR 2017). Honolulu, Hawaii, USA, 2017: 7291-7299.

6 应用

6.1 个人热舒适系统

保证建筑内人员的热舒适是建筑室内营造技术的基本诉求。目前办公建筑中广泛使用的暖通空调系统不仅消耗了大量能源，而且没有考虑室内人员的性别、年龄、代谢率和个人偏好等个体差异[1]。尤其是对于共享型办公室，为了满足大多数人的热舒适需求，建筑室内环境总体保持统一的温湿度。近年来，为从根本上改变"一刀切"的室内环境营造模式，研究者们提出了个人环境控制系统。通过将人员的反馈信号实时传输给个人热舒适控制系统，人体局部微环境在智能控制的作用下进行调整，以满足每个人的热舒适需求。为此，必须建立个人热舒适预测模型。需要明确的是，个人热舒适模型评估的是个体热舒适，而不是群体的平均热舒适。其中，读取每个用户对于环境的反馈信息是建立个人热舒适预测模型的关键[2]。

个人热舒适系统能够依据个人的需求对局部微环境加热或冷却，以此保障个人热舒适和降低室内能源消耗。多项研究表明，当个人热舒适系统与暖通空调系统共同调节室内环境时，由于对周边环境的适度弱化调节，可以节省 4%～60% 的能源[3~5]。一些具有局部加热、冷却功能的个人热舒适装置能够作为该控制系统的执行机构，如加热座椅、坐垫、桌面风扇、暖脚器、辐射加热板、可加热或制冷的服装[6~10] 等。这些个人热舒适装置及其多种组合方式均成为个人热舒适预测模型的具体应用场景。

物联网、大数据、人工智能、深度学习、机器学习、数字孪生、计算机视觉等先进技术促进了非接触式热舒适检测的快速发展。当采用个人热舒适装置后，背景空调温度就不再局限于原有狭窄的温度调控区间，可以适当降低、升高设定温度以此达到节能的目的。由于直接采用了来自个体的相关信息（如皮肤温度、心率、脉搏）和其他数据（如环境参数）来训练模型，该模型成为一种能让个人热舒适装置理解用户特定热舒适需求的工具。基于此，个体环境控制系统能够兼顾两个方面：节省能源和调节个人热舒适。近年来，研究者们积极建立热舒适与人体生理参数的关系，人体皮肤温度被认为与个人热舒适有着密切的联系[11]。

红外传感技术已被证实是测量人体皮肤温度的有效方法之一。然而，红外传感技术有自身固有的局限性，仅能测量裸露在外的皮肤温度，无法测量被服装覆盖的区域。为此，当被覆盖的区域需要测量时，人员必须脱去衣物。红外相机尽管能够测量人体面部、四肢的皮肤温度，但这些部位的面积占总体皮肤面积较小。根据这些结果想要准确预测整体热舒适或被覆盖区域热舒适是有一定难度的。不仅如此，高精度的红外相机成本较高，体型较大，而小型低成本的红外相机的精度又无法完全满足实时评估人员热舒适的需求（大多为±2℃）。并且红外图像的精度还与多种因素有关，如测试条件、角度、发射率、背景辐射源、被测人员运动状态。尽管已有相关研究人员拍摄并分析了运动员在室外跑步及室内健身的红外图像，但是其预测精度仅有 65%～85%[12]。因此，个体红外图像采集过程和信息处理方面还需要进一步研究。

与红外摄像头相比，使用普通摄像头评估个人热舒适更加方便可行，其仅需通过便携式电脑的摄像头即可对人员信息进行采集。有研究指出，基于欧拉视频放大技术也可以提取个人皮肤温度。本书作者借鉴了人体体温调节机制的概念和欧拉视频放大技术，建立了皮肤颜色饱和度和皮肤温度的关系，提出了一种非接触式人体皮肤温度的测量方法，并为暖通空调系统提供反馈信号[11]。Jazizadeh 等提出一种使用普通摄像机作为个性化热调节的传感器的新方法。在两种温度的实验条件（高温 30℃和低温 20℃）刺激下，摄像机可以捕捉人体面部皮肤图像，检测血流量的细微变化，从中提取人体热舒适相关的关键信息[13]。为了提高系统估计人体面部的准确度，Jazizadeh 等通过人脸检测、皮肤隔离、图像放大、检测指数计算等步骤，进一步去掉面部区域对分析结果干扰较大的部位，如胡须、眉毛、眼部，并且考虑了不同光照对于结果的影响[13]。该实验过程中要求受试者保持静坐。现有研究中有关人体肤色、光照强度、轻微晃动、温度范围等因素对于评估的干扰性都没有给出很完善的解决方案。目前研究仅限于人工气候室环境，该策略并没有在实际建筑中得到应用。

总而言之，追踪监测室内环境人员的皮肤温度，评估个人热舒适变化情况，并控制个人热舒适装置，以此满足人们对于建筑节能和环境舒适的需求，顺应了建筑智能化的发展趋势。

6.2　按需通风

人员定位和计数的方法多种多样，如基于图像视频技术的方法、基于温度和二氧化碳传感器的方法、基于被动式红外传感器（PIR）的方法、基于射频识别（RFID）的方法和基于蓝牙的方法等。在计算机视觉方面，基于卷积网络的人脸识别算法对人体头部、肩部的检测率达到 95.2%[14]，多视觉传感器在贝叶斯算法数据融合的辅助下，可以提高感知精度[15]。上述研究虽然集中在人员定位的技术手段上，但没有将其应用在暖通空调领域。

在高大空间中如交通枢纽建筑，该类型建筑具有客流量大、停留时间不等、不同区域功能不同等特点，现有空调系统不能根据客流量实时调节。研究人员提出基于客流波动的交通建筑节能运行调控策略，通过实时采集视频图像来识别人流密度，使空调系统为交通枢纽建筑提供定向精准的新风。节能运行调控策略主要包含两个部分，分别为根据建筑内总客流的逐时波动规律制定冷热源调控策略和根据建筑局部空间客流逐时数据制定末端调控策略。Wang 等[16]提出了一种兼顾疫情防控和按需调节的低成本通风控制策略。该策略基于人员密度检测 YOLO 算法，根据室内人员密度自动切换按需通风模式和防感染模式，最后将计算结果转化为控制信号发送给空调系统。与传统通风工况（固定新风比为15%）相比，这种控制策略可实现节能 11.7%，同时将感染概率降低至 2%。该研究为预防建筑内的疫情传播提供了一种可行的解决方案，有助于营造健康舒适的室内环境。

公共建筑（如办公建筑）用能设备具有工作时间规律、分区明显等特点，现有的集中式空调系统运行参数与人员分布情况并不匹配。作为一种基于视频图像的非接触人体姿态识别系统，骨骼关键节点模型不仅可用于识别人体热不适姿态，还可用于人体定位和人数统计。Wang 等[17] 在多功能报告厅（教室、会议室）中，利用基于骨骼关键节点模型的人员定位系统检测房间运行模式，并调控不同区域独立的风机盘管来满足室内人员的需求。该系统可在 1.5s 内完成图像采集、提取、三维重建和数据融合，实现实时人体定位和姿态识别。Tien 等[18] 分析了基于视觉的深度学习方法在办公室中人体活动检测和识别的应用，卷积神经网络被用来实现占用活动的检测和分类。该模型被部署到支持实时检测的摄像机上，收集了不同类型活动（如站姿、走姿、坐姿）的人员数量的数据，并将检测到的占用情况与能耗预测模型相结合，量化该策略的节能效果。

在以人员需求为导向的通风策略中，可以通过改变空调系统的风向、风速等参数来满足人员的冷热需求。计算机视觉技术可以检测人员数目和位置信息，从而分区调节系统的送风参数和运行时间。为了满足人员热舒适、保障空气品质同时兼顾节能的需求，通风空调系统应随着室内人员信息的变化而改变运行策略，例如按需调节通风空调系统的风阀开度及风机频率等参数。根据室内人员占用状态控制设备的开关，根据人员数量调节空调系统的新、回风风量，根据人员位置实现定向送风或者分区调节，根据人员行为和生理参数综合评判室内人员的热舒适，执行相应的调控动作以实现满足室内大多数人员的热舒适。

然而在基于视频图像处理的非接触技术中，数据提取、分析和信号传输的速度快于机械设备（阀门、风机等）的运行速度。这种不匹配或错误的调整，阻碍了按需通风技术和非接触测量技术在实际工程中的匹配应用。Zhai 等[19] 在不改变室内设定值的基础上，将节能风扇与设定温度较高的空调系统组合。节能风扇的调节速度与基于视频图像的非接触传感技术相匹配，都是秒数量级，避免了空调系统调节速度过慢的限制。将调节反应相对较慢（分钟数量级）的空调系统用于背景环境的粗调节，抬升气流的节能风扇用于精细调节，这样不仅和基于视频图像的传感信号相匹配，而且符合弱化空调强度、使用节能风扇抬升气流运动速度的节能热舒适运行模式。

房间大小、房间形状不规则、人员的相互遮挡也是造成视频图像技术误判的原因。因此在设计算法的过程中，应注重视频图像分析系统的运行速度，尽可能实现实时输出控制信号，从而缩短空调系统的风阀等设备从检测室内人员信息到执行相应动作的总时间。

在医疗领域，通过调控与病人直接接触的医院用具（桌子、椅子、病床等）的开关，来实现正常工况和防疫工况之间的切换，降低医护人员和未感染人群感染病毒的风险，还可以优化医护人员工作环境的热舒适。本书作者[20] 开发了一种平、疫两用贴附通风气流环境调控装置，将计算机视觉技术与该装置结合，根据实时检测的占用情况，来运行具有中间空气幕的防疫工况或具有桌面空气幕的正常工况，不仅提高人员吸入空气品质和热舒适，而且能有效避免人员之间的交叉感染。本书作者[21] 提出一种桌面空气幕动力装置，风机抽吸桌子下方的室内空气，空气流经送风管道输送至人员之间隔板上方的出风口，人员中间形成空气幕，有效降低了医护人员与病人之间交叉感染的风险。

Liu 等[22] 提出了一种低速个性化通风系统，将可以提供新风的个性化风口作为送风装置，个性化排风口可以直接排出污染源呼出的含有病毒的空气，有效地隔离感染源，并在相邻两个人之间设置隔板，隔断人员之间空气的传播路线，通过三种装置的结合来避免交叉感染。本书作者[23] 提出一种病房送排风空气幕系统，在病床两侧设置下部回风、顶棚排风的吸排风装置，分隔开每个病床的上部空气，将病人呼出的含有病毒的空气及时排出，以防感染其他病人，有效地避免了病人之间的交叉感染。这些末端装置可以与计算机视觉技术相结合，实现在现有医院建筑送风系统不变的情况下，按需调节运行工况，不仅保护了医疗人员的安全，而且避免了传染源与其他人员之间的病毒扩散。

6.3 睡眠热舒适

睡眠热舒适对睡眠质量和人体健康至关重要。本研究提出了一种基于视觉的人体睡眠热舒适检测方法。在 400 份有效问卷调查的基础上总结了 10 种热舒适睡眠姿态，构建了睡眠姿态检测算法的基本框架，并基于大数据构建了相应的权重模型，收集自然睡眠状态下 265 万帧姿态数据，构建热舒适睡眠姿态数据集。

6.3.1 背景

睡眠质量对人类健康起着至关重要的作用。根据世界卫生组织的数据，世界上 27% 的人有睡眠问题，中国成年人失眠的发生率为 38.2%，超过 3 亿的中国人有睡眠障碍[24]。目前的睡眠质量检测方法多为接触式，然而接触式容易加重个人睡眠障碍[25]。本研究提出了一种基于视觉的非接触式睡眠姿态检测方法，可检测个人睡眠质量和热舒适。

睡眠状态检测主要分为接触式检测方法和非接触式检测方法两种。在接触式检测方法中，使用一些特殊的设备连接到人体，捕捉个人的睡眠状态数据[26~30]。2002 年 Flemons 等[26] 通过观察 EEG、EMG、ECG 等生物信息获得了多导睡眠图（PSG）来检测人的睡眠状态。Kemp 等[27] 分析了慢波的微连续性，并生成了一个最大似然估计器来量化睡眠深度。2005 年 Cho 等[28] 提出了一种睡眠脑电图单通道检测方法，采用时频分析和支持向量机分类器检测睡眠状态。2009 年，Choi 等[29] 邀请受试者躺在装有特殊心跳检测设备的床上，然后确定受试者的睡眠状态。Tseng 等[30] 通过分析从光容量脉冲波（PPG）获得的 HRV 中的低频（LFB）功率来评估睡眠状态。然而，在接触式睡眠检测中，需要特殊的设备直接接触人体来收集生命信号，这本身就会影响人们的睡眠状态。睡眠状态检测的接触方法需要专门的设备与人体接触，会影响人的正常睡眠状态，造成"首夜效应"，甚至影响许多天，因此不容易获得真正的睡眠状态。2010 年 Kripke 等人[31] 在论文中提到，因为清醒状态的检测率较低，从活动记录数据中检测睡眠或清醒状态的算法灵敏度较低。接触式检测方法的局限性使得非接触式检测方法得到了广泛的研究和应用。

非接触式检测大致可分为音频检测和视频检测。2012 年 Dafna 等[32] 提出一种新的睡眠质量分析系统（方法），其目的是在声学信号处理的基础上，为检测和诊断与睡眠有关的疾病提供一种可替代的非接触方法。2015 年 Dafna 等[33] 也进行了基于音频信号检测的睡眠或醒觉检测。2017 年 Wu 等[34] 使用了突发级（通过统计突发提取方法）提取大于 1 的区域定义的声音事件；利用 Kullback-Leibler 核自组织图对睡眠相关事件进行聚类，并通过层次聚类进行分类；使用多个 hmm 模型将数据划分为良好睡眠和不良睡眠；使用五种隐藏状态，获得了最高的准确率（70%）。2020 年 Xue 等[35] 首次研究了一种睡眠阶段检测方法，旨在将睡眠划分为四个阶段：觉醒、快速眼动、浅睡眠和深睡眠。除提取呼吸音的时域和频域特征外，还设计了打鼾的非线性特征，以更好地表征呼吸音的打鼾相关信号。该方法优于现有的方法，有望用于大规模的非接触式睡眠监测。Peng 等[36] 利用夜视视频网络摄像机、被动红外传感器和心率传感器开发了多模式传感器系统。利用支持向量机对来自各个传感器的信号进行分类，并将输出信号融合在一起来推断睡眠质量。2014 年 Domingues 等[37] 提出了一种通过训练预测睡眠状态的模型，该模型包含大量标记的运动信息，即腕部活动信息。2017 年 El-Manzalawy 等[38] 使用未标记的手腕活动数据和无监督学习算法构建了睡眠状态预测模型。Choe 等[39] 通过深度学习开发并测试了一种自动 VSG 方法，通过深度学习建立了人睡眠时头部运动与睡眠状态之间的关系模型。然后，通过应用已建立的睡眠场算法，将得到的估计结果分类为醒着或睡着状态。

2017 年本书作者[40] 通过深度卷积网络构建了人体皮肤纹理特征、细微运动与人体体温之间的关系，从而获得人体热舒适；本书作者[41,42] 进一步研究证实了皮肤变化与人体热舒适之间的关系。2019 年，Meier 等[43] 发现，当人们感到热不适时，会做出独特的姿态或动作。当检测到与热不适相关的手势时，将根据手势的类型和识别信息进行评分。这一分数被称为"热舒适指数"（TCI）。TCI 为零对应的是热中性，较高的正值或负值分别对应的是温暖或寒冷的感觉。当检测到的姿态变化较频繁或较强时，TCI 将进一步偏离零。一个关键特性是"手势库"，这个过程将参考"手势库"来确定一个特定的手势是否与热不适有关。同年，本书作者[44] 提出了一种基于非接触测量人体热不适的新方法，数码相机捕捉与体温调节机制相关的人员姿态图像，获得相应的二维坐标，并开发了识别与热不适相关的不同姿态的算法。2020 年，本书作者[45] 通过 OpenPose 获取人体的姿态信息，构建了一种算法，实现了 5 种实时热不适运动的检测。

6.3.2 研究方法

我们构建了热舒适睡眠姿态估计算法框架，如图 6-1 所示，用普通摄像机采集自然睡眠状态下的视频，捕捉受试者相应的睡眠姿态和被子覆盖面积，最后结合以上两方面得出人体的热舒适。

6.3.2.1 SPC 数据集构建和睡眠姿态总结

为了验证算法的可靠性，我们构建了人体热舒适睡眠姿态数据集。采用普通相机来捕捉数据，摄像头对应的像素为 130 万，视频帧率为 25fps。摄相机被固定在普通卧室的床边，受试者在摄相机的视野范围内。邀请 9 名受试者采集数据，共收集 265 万帧睡眠姿态图像。

我们进行了睡眠姿态问卷调查，共收集有效问卷 400 份。在此基础上，我们总结了 10 种人体热舒适的睡眠姿态，如表 6-1 所示：（1）身体完全舒展，且未盖被子；（2）身体舒展，被子盖住脖子以下，双臂在被子里面；（3）身体舒展，被子盖住脖子以下，双臂在被子外面；（4）身体舒展，被子盖住腹部以下；（5）身体舒展，被子仅盖住腹部；（6）身体蜷缩，但未盖被子；（7）身体蜷缩，被子盖住脖子以下，双臂在里面；（8）身体蜷缩，被子盖住脖子以下，双臂在外面；（9）身体蜷缩，被子盖住腹部以下；（10）身体蜷缩，被子仅盖住腹部。共 9 名男性受试者被邀请躺在装有正常摄像机的床上。为了避免衣服对实验的干扰，受试者被要求脱去上半身的衣服。通过这种方法，我们总共收集了大约 265 万帧睡眠姿态的图像。

77

(a)

(b)

(c)

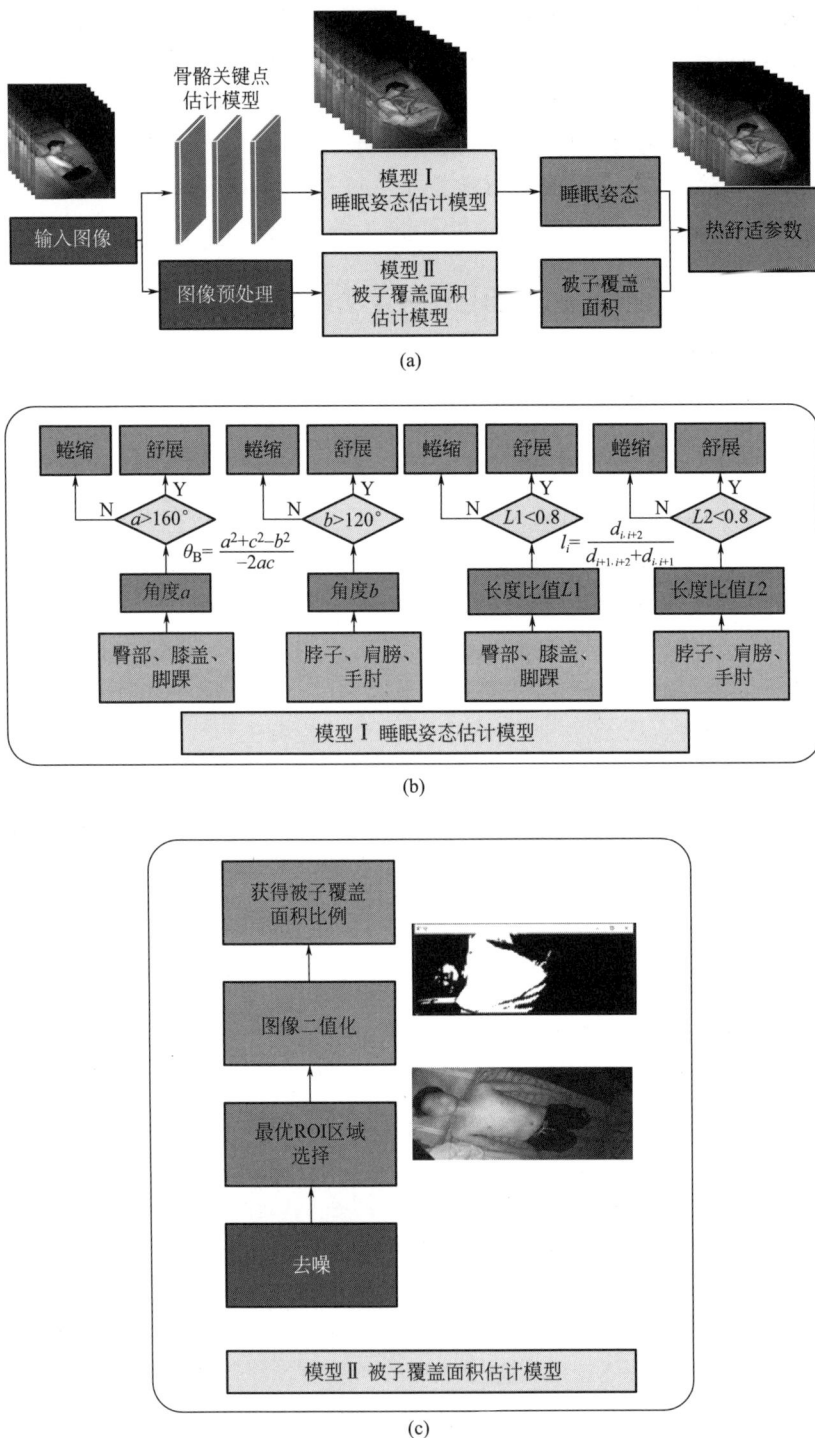

图 6-1　热舒适睡眠姿态估计算法框架

（a）热舒适睡眠姿态估计算法框架；（b）模型Ⅰ算法细节；（c）模型Ⅱ算法细节

人体热舒适的睡眠姿态（由 400 份有效问卷定义） 表 6-1

序号	姿态	热舒适状态
1	身体完全舒展，且未盖被子	舒适
2	身体舒展，被子盖住脖子以下，双臂在被子里面	舒适
3	身体舒展，被子盖住脖子以下，双臂在被子外面	舒适
4	身体舒展，被子盖住腹部以下	热
5	身体舒展，被子仅盖住腹部	热
6	身体蜷缩，但未盖被子	冷
7	身体蜷缩，被子盖住脖子以下，双臂在里面	冷
8	身体蜷缩，被子盖住脖子以下，双臂在外面	冷
9	身体蜷缩，被子盖住腹部以下	舒适
10	身体蜷缩，被子仅盖住腹部	舒适

6.3.2.2 人类睡眠姿态识别

1. 捕捉人体骨骼关键点

通过骨骼关键点估计网络获取人体的关键点信息。通过关键点坐标建立人体姿态判断模型，将人体姿态分为舒展姿态和蜷缩姿态。基于采集到的视频流信息，采用关键点估计算法对人体关键点信息进行估计。构建人体姿态估计算法，估计与睡眠相关的人体姿态，评估人体在睡眠期间的热舒适度。关键点估计算法可以通过深度学习或使用 OpenPose 等现有方法独立实现。本研究所需的人体骨骼关键点与机体的映射关系如表 6-2 所示。

基于睡眠姿态的特点，主要选择双腿的 6 个关键点 8～13 号点（其中每个关键点对应的人体部位为：8 右髋关节，9 右膝，10 右脚踝，11 左髋关节，12 左膝，13 左脚踝）以及手臂部分的 6 个关键点 2～7 号点（其中每个关键点对应的人体部位为：2 右肩，3 右肘，4 右腕，5 左肩，6 左肘，7 左腕）。定义两种姿态：舒展姿态和蜷缩姿态。通过人体腿部或者手臂之间夹角、关键点的位移、关键点间的欧氏距离来判断人体所处姿态，并进行交叉验证。

关键点估计是一个模块，该模块的输入是采集的视频或图片，输出是检测人体睡眠姿态所需的人体骨骼关键点。捕获方法要能准确地捕获关键点，不会影响具体的检测结果。深度卷积网络可用于构建获取人体骨骼关键点的算法。

人体骨骼关键点与机体的映射关系 表 6-2

关键点的坐标	身体部位
0	鼻子
1	颈部
2	右肩
3	右肘
4	右腕
5	左肩
6	左肘

关键点的坐标	身体部位
7	左腕
8	右髋关节
9	右膝
10	右脚踝
11	左髋关节
12	左膝
13	左脚踝
14	右眼
15	左眼
16	右耳
17	左耳

2. 骨骼关键点夹角判断模型

下面是数学中最为常见的判断夹角的方法，其公式如下：

$$\cos\theta_B = \frac{a^2 + c^2 - b^2}{-2ac} \tag{6-1}$$

式中，θ_B 是角 B 的角度；a、b、c 是三点所构成的三角形的三边长，其中 b 是角 B 的对边。

根据式（6-1）选取双腿的 6 个关键点（点 8～13），并计算右膝、右髋关节和右脚踝的三个关键点之间的夹角 θ_9（其中 θ_9＝右膝、右髋关节和右脚踝三个关键点以右膝为顶点的夹角，a＝右髋关节到右膝的距离，b＝右膝和右脚踝之间的距离，c＝右髋关节到右脚踝的距离）和 θ_{12}（其中 θ_{12}＝左膝、左髋关节和左脚踝以左膝为顶点的夹角，a＝左髋关节到左膝的距离，b＝左膝到左脚踝的距离，c＝左髋关节到左脚踝的距离）；如果不能确定腿的关键点，也可以选择手臂的 6 个关键点（点 2～7）。利用式（6-1）求出 θ_3（θ_3＝右肘、右肩和右腕以右肘为顶点的夹角，a＝右肩到右肘的距离，b＝右肘到右腕的距离，c＝右肩到右腕的距离）和 θ_6（θ_6＝左肘、左肩和左腕以左肘为顶点的夹角，a＝左肩到左肘的距离，b＝左肘到左腕的距离，c＝左肩到左腕的距离），最后通过式（6-2）判断人体所处姿态。

$$K = \begin{cases} 0 & \min\{\theta_9, \theta_{12}\} > \alpha_1 \\ 1 & \min\{\theta_9, \theta_{12}\} \leqslant \alpha_1 \\ 0 & \theta_9, \theta_{12} \text{ did not exist and } \min\{\theta_3, \theta_6\} > \beta_1 \\ 1 & \theta_9, \theta_{12} \text{ did not exist and } \min\{\theta_3, \theta_6\} \leqslant \beta_1 \end{cases} \tag{6-2}$$

式中，K 表示人体的姿态，$K=0$ 表示舒展的姿态，$K=1$ 表示蜷缩的姿态；α_1 表示腿部弯曲阈值；β_1 表示手臂弯曲阈值。腿部弯曲阈值 α_1 在 155°～165°，手臂弯曲阈值 β_1 在 115°～125°。本算法中，腿部弯曲阈值 α_1 取中值 160°，手部弯曲阈值 β_1 取中值 120°。

3. 关键点距离判断模型

为了避免关键点夹角判断存在偶然性，可以增加关键点的欧氏距离进行交叉验证。关键点欧氏距离的计算公式为：

$$d_{1,2}=\sqrt{(x_1-x_2)^2+(y_1-y_2)^2} \tag{6-3}$$

式中，$d_{1,2}$ 是关键点 1 和关键点 2 的欧氏距离；x_1、y_1 分别是第一个关键点的横纵坐标；x_2、y_2 分别为第二个关键点的横纵坐标。

我们选取双腿的 6 个关键点（点 8～13），用式（6-3）算出 $d_{8,10}$（右髋关节到右脚踝的距离）或 $d_{11,13}$（左髋关节到左脚踝的距离）；如果不能确定腿部的关键点，也可以选择手臂的 6 个关键点（点 2～7）。基于式（6-3）算出 $d_{2,4}$（右肩到右腕的距离）和 $d_{5,7}$（左肩到左腕的距离）。

式（6-3）也可以用来计算 $d_{9,10}$、$d_{8,9}$，如果 $a_{8,10}=\dfrac{d_{8,10}}{d_{9,10}+d_{8,9}}$，$a_{11,13}$、$a_{2,4}$ 和 $a_{5,7}$ 可以用类似的方法得到。最后通过式（6-4）对人体姿态进行判断，关键点距离 K 判断模型为：

$$K=\begin{cases}0 & \min\{a_{8,10},a_{11,13}\}>\alpha_2 \\ 1 & \min\{a_{8,10},a_{11,13}\}\leqslant\alpha_2 \\ 0 & a_{8,10},a_{11,13}\ \text{did not exist and}\ \min\{a_{2,4},a_{5,7}\}>\beta_2 \\ 1 & a_{8,10},a_{11,13}\ \text{did not exist and}\ \min\{a_{2,4},a_{5,7}\}\leqslant\beta_2\end{cases} \tag{6-4}$$

其中，

$$a_{8,10}=\frac{d_{8,10}}{d_{9,10}+d_{8,9}} \tag{6-5}$$

$$a_{11,13}=\frac{d_{11,13}}{d_{12,13}+d_{11,12}} \tag{6-6}$$

$$a_{2,4}=\frac{d_{2,4}}{d_{3,4}+d_{2,3}} \tag{6-7}$$

$$a_{5,7}=\frac{d_{5,7}}{d_{6,7}+d_{5,6}} \tag{6-8}$$

式中，K 表示人体姿态，$K=0$ 表示舒展姿态，$K=1$ 表示蜷缩姿态；$d_{8,10}$ 为右髋关节到右脚踝的距离；$d_{9,10}$ 为右膝到右脚踝的距离；$d_{8,9}$ 为右髋关节到右膝的距离；$d_{11,13}$ 是左髋关节到左脚踝的距离；$d_{12,13}$ 为左膝到左脚踝的距离；$d_{11,12}$ 为左髋关节到左膝的距离；$d_{2,4}$ 为右肩到右腕的距离；$d_{3,4}$ 为右肘到右腕的距离；$d_{2,3}$ 为右肩到右肘的距离；$d_{5,7}$ 是左肩到左腕的距离；$d_{6,7}$ 为左肘到左腕的距离；$d_{5,6}$ 为左肩到左肘的距离；$a_{8,10}$ 为右脚比值；$a_{11,13}$ 为左脚比值；$a_{2,4}$ 为右手比值；$a_{5,7}$ 为左手比值；$\min\{a_{8,10},a_{11,13}\}$ 和 $\min\{a_{2,4},a_{5,7}\}$ 都是两个比例中的较小值；α_2 为腿部姿态阈值，阈值 α_2 在 0.75～0.85；β_2 为手部姿态阈值，阈值 β_2 在 0.75～0.85。在本算法中，α_2 取中值 0.8，β_2 取中值 0.8。

人体姿态判断模型包括关键点夹角判断模型和关键点距离判断模型，将通过关键点夹角判断模型和关键点距离判断模型得到的值进行交叉验证，以确定最终人体姿态。

6.3.2.3 被子覆盖面积估计

通过二值化方法处理采集的视频信息，得到被覆盖度 A，通过被覆盖度 A 建立被覆盖度确定模型，确定被覆盖度情况。人的皮肤颜色与被子不同，夜间红外摄像机拍摄的睡眠视频有明显的明暗差异。在此基础上，提出了被子覆盖面积计算的算法步骤：

1. 高斯滤波处理

对于输入的视频高斯滤波。高斯滤波是一种线性平滑滤波，可以用来消除视频高斯噪声的干扰。高斯滤波的具体操作规定如下：用一个用户指定的模板（或称卷积、掩膜）扫描图像中的每一个像素，用模板确定的邻域内像素的加权平均灰度值去替代模板中心像素点的值，其二维高斯分布如式（6-9）所示：

$$G(x，y) = \frac{1}{\sqrt{2\pi\sigma^2}} e^{-\frac{x^2+y^2}{2\sigma^2}} \tag{6-9}$$

式中，$G(x，y)$ 表示二维高斯分布；σ^2 代表方差；x 为该点的横坐标；y 为该点的纵坐标。

2. 最优 ROI 区域选择

为了避免身体和被褥以外的其他物体对结果的影响，应选择相应的区域进行处理。该算法从视频中提取人体轮廓，并将轮廓作为最优感兴趣区域进行后续处理。

3. 被子面积计算

对得到的最优 ROI 区域进行二值化处理，选择具体的灰度二值化阈值。图像二值化是将灰度图像（从 0～255 有 256 个不同的灰度值）转换为黑白图像。二值化处理的目的是将被子与人的皮肤区分开，如图 6-2 所示。二值化处理应根据被子颜色的不同选择合适的阈值分别进行。

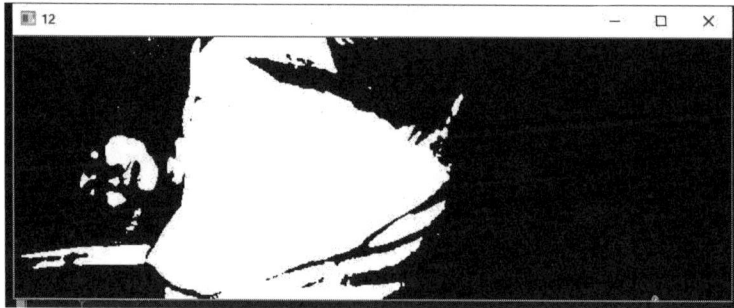

图 6-2　经过二值化处理的图像

若为浅色被子，此时人体皮肤颜色较被子颜色暗，为了区分皮肤与被子，可以将输入图像中的皮肤的灰度值置为 0（黑色），被子的灰度值置为 255（白色），如式（6-10）所示。计算白色的面积占输入最优 ROI 区域图像的总面积的比例 A 即可得到被子的大概覆盖面积。

$$I(x，y) = \begin{cases} 0 & 皮肤 \\ 255 & 被子 \end{cases} \tag{6-10}$$

式中，$I(x，y)$ 表示该像素的灰度值。

若为深色的被子，这时人的皮肤颜色较被子颜色亮。为了区分皮肤和被子，需要将图片的灰度值倒转，如式（6-11）所示，将皮肤和被子设置为不同的值。输入最优 ROI 区域图像的面积与总面积的比值 A 可以得到被子的近似覆盖面积。

$$I(x，y) = \begin{cases} 255 & 皮肤 \\ 0 & 被子 \end{cases} \tag{6-11}$$

得到被子覆盖面积的比例，由该值定义被子覆盖条件，如式（6-12）所示。被子覆盖度的确定模型为：

$$P = \begin{cases} 0 & A < c_1 \\ 1 & c_1 < A \leqslant c_2 \\ 2 & c_2 < A \leqslant c_3 \\ 3 & c_3 < A \leqslant c_4 \\ 4 & c_4 < A \leqslant c_5 \end{cases} \tag{6-12}$$

式中，P 表示被子覆盖范围，$P=0$ 表示没有被子，$P=1$ 表示被子只覆盖腹部，$P=2$ 表示被子盖在腹部以下，$P=3$ 表示被子盖在脖子以下、手臂在被子外面，$P=4$ 表示被子盖在脖子以下、手臂在被子里面；A 为被子覆盖比例，$c_1 \sim c_5$ 表示纫缝分区值。$c_1 \sim c_5$ 的取值范围如下：$c_1 \in [0.05, 0.15]$，$c_2 \in [0.25, 0.35]$，$c_3 \in [0.55, 0.65]$，$c_4 \in [0.7, 0.8]$，$c_5 \in [0.85, 0.9]$，具体化为：$c_1 = 0.1$，$c_2 = 0.3$，$c_3 = 0.6$，$c_4 = 0.75$，$c_5 = 0.9$。

4. 人体热舒适的测定

可以通过人体姿态和被子覆盖面积来判断人体热舒适。人体睡眠姿态的热舒适是人体常见姿态集合中的一个子集，因此与人体一般姿态相比，人体的热舒适姿态种类较少。在本研究中，它分为两种姿态：舒展姿态和蜷缩姿态。舒展姿态的最大特点是身体处于一种放松的状态，手臂和腿伸直。蜷缩姿态最明显的标志是手臂和/或腿弯曲。在此基础上，本研究中身体是否被被子覆盖、被被子覆盖的面积，也将包括在计算中。根据舒展和蜷缩情况以及被套情况，共分为 10 种睡姿，如表 6-1 所示。

因此，将人体冷暖舒适的判定模型定义为：

$$C = \begin{cases} 1 & K=0 \text{ and } P=0, \text{ or } K=0 \text{ and } P=3, \text{ or } K=0 \text{ and } P=4, \\ & \text{or } K=1 \text{ and } P=2, \text{ or } K=1 \text{ and } P=1 \\ 2 & K=0 \text{ and } P=3, \text{ or } K=0 \text{ and } P=1 \\ 3 & K=1 \text{ and } P=0, \text{ or } K=1 \text{ and } P=3, \text{ or } K=1 \text{ and } P=4 \end{cases} \tag{6-13}$$

式中，C 代表冷暖人体的舒适度，$C=1$ 表示身体处于热舒适状态，$C=2$ 表示身体感觉热，$C=3$ 表示身体感觉冷。

为了达到人体最佳的热舒适，红外线装置可以发出相应的指令来控制空调的温度。如果判断人体感觉寒冷，就可以通过红外线装置向空调发送加热指令。如果判断人体感觉热，就可以通过红外线装置向空调发送冷却指令。如果身体感觉舒适，就不需要发出指令来调节当前的温度。人体睡眠姿态热舒适检测算法如表 6-3 所示。

人体睡眠姿态热舒适检测算法　　　　　　　　　　　　　　　　表 6-3

人体睡眠姿态热舒适检测算法具体流程
输入：睡眠视频
输出：睡眠姿态、人体热舒适程度
步骤：
1. 监控视频预处理
(1)帧提取。
(2)去噪。
(3)获得最佳区域(ROI)。

2. 获取关键点坐标

(1)调用 OpenPose 平台。

(2)生成 Jason 文件。

3. 人体姿态的判断

(1)提取 Jason 兴趣点的坐标文件。

(2)计算点之间的欧氏距离。

(3)计算相关夹角的角度。

(4)将腿弯曲的阈值定义为 160°,将手弯曲的阈值定义为 120°。如果腿部弯曲角度或手部弯曲角度大于阈值,则判断其处于舒展状态,如果小于截止值则判断为蜷缩。

(5)腿部姿态的阈值为 0.8,手部姿态的阈值为 0.8。如果腿部距离或手部距离大于阈值,则判断为舒展状态。如果腿部距离或手部距离小于阈值,则判断为蜷缩。

4. 被子覆盖面积的判断

(1)高斯滤波去噪。

(2)选择最佳区域(ROI)。

(3)通过选择合适的阈值对图像进行二值化。

(4)计算浅色被子和深色被子的面积。

5. 结合步骤 3 和步骤 4,获得人体的热舒适

    热舒适对睡眠质量和身心健康非常重要。然而,目前缺乏有效的非接触方法来检测人体夜间睡眠的热舒适。本书提出了一种基于视觉感知的姿态估计方法,用于检测人体在睡眠状态下的热舒适姿态。人体热舒适存在个体间和个体内的差异。本书的算法是一种实时传感方法。该算法可以处理图像帧(通常为 24 帧/s 或 30 帧/s)。实时的姿态变化可以被捕获,个体之间的差异可以被克服。在算法的设计和调试阶段,针对不同的主题对相关参数进行了微调,并给出了一个综合的参数。通过应用相关参数进行群体分类,可以克服个体之间的差异。

    利用 OpenPose 获取人体各关键点的坐标,确定人体的睡眠姿态。当然,该算法并不局限于 OpenPose,还可以选择其他人体关键骨骼点检测算法,也可以通过类似的节点算法获得人体的睡眠姿态。该算法可以和数码相机协同工作,共同集成于建筑物暖通空调系统的智能控制平台中,并得到广泛应用。但是,收集用户的图片(视频)可能会被认为侵犯隐私,为了避免收集和存储个人身份信息,应该使用面部模糊技术,严格控制数据不能上传,应用完成后立即销毁。算法验证结果如图 6-3 所示。

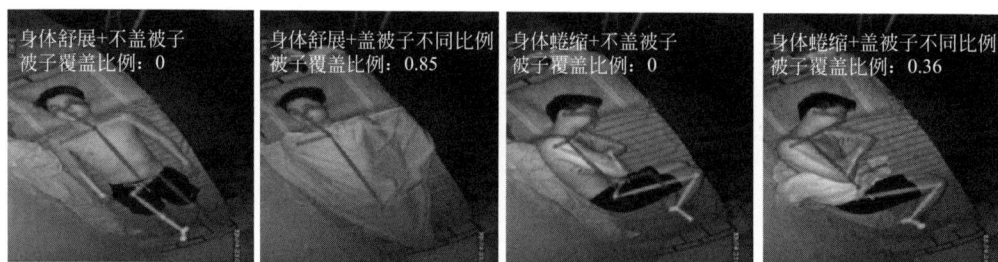

图 6-3　算法验证结果(一)

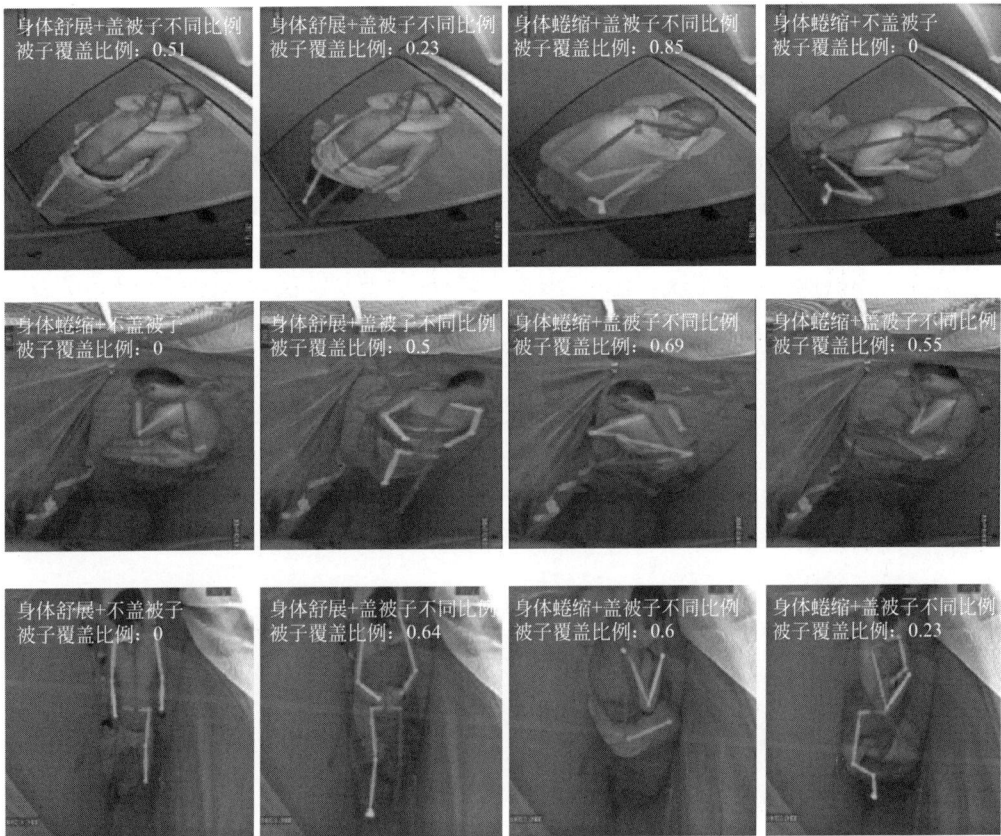

图 6-3　算法验证结果（二）

6.4　特殊（失能）人群热舒适

据统计，我国具有高达 4000 多万的失能人群，他们因年老、伤残、疾病等因素丧失了自理能力，其中重度失能、失智人群占据了总数的四分之一。数量庞大的失能人群必然会给个人、家庭、社会带来不小的压力和负担[46]。如何改善失能人群的生活环境以及提高对失能人群的护理水平成了亟须解决的问题。

非接触式热舒适检测技术不仅仅在个体热舒适系统中具有应用潜力，而且对于无法正确表达自身热舒适状况的失能人群有着重大的应用意义。他们无法用言语清晰地表达自身的热舒适状况，或者他们对于外界环境的变化十分迟钝，甚至失去了自主行动的能力。因此，对于失能人群进行实时热舒适检测更为重要。

接下来，我们将介绍热舒适检测在残障人士、老年人群、医疗患者、婴幼儿以及穿着特殊个体服装装备者五类特殊人群中的应用。

6.4.1　残障人士

大多数热舒适研究与健康的居住者群体有关，但针对残障人士的热舒适研究往往较少。Webb 和 Parsons[47] 针对残疾人和正常人对于热环境的反应进行研究。他们让 32 名受试者每隔 15min 提供在"客厅"的热舒适反馈,整个过程持续了 3h。结果表明,身体残疾的人在凉、微凉和中性感觉之间的反应与正常人存在显著的差异。此外,Webb 等[48]还研究了 32 名多发性硬化症患者的热舒适要求。他们分别将受试者置于 PMV=−1.5(18.5℃)、PMV=0(23℃)和 PMV=+1.5(29℃)三种环境之下,测量到不满意人群的百分比远高于 PPD 预测值。

基于 Webb 所做的两个实验可以发现,残障人士对于热舒适的需求有异于正常人士。造成这种差异的主要原因可能是残障人士长期处于静卧或静坐状态,新陈代谢率低,导致身体对温度变化的调节能力减弱。除此之外,身体的姿态和肢体部分缺失可能会对体温调节系统产生影响。因此,需要对残障人士的热舒适要求进行专门研究。

2021 年 Bouzidi 等[49] 调查了位于法国特鲁瓦市的由残疾儿童家长协会管理的医疗住宅在夏季的热舒适。通过 Khodakarami 等的研究[50] 可知,在医疗建筑中的不同群体(患者、访客和医疗工作人员)对于热舒适有着不同的需求,而且难以在同一个空间内满足所有群体的热舒适需求。因此,Bouzidi 等认为有必要保证每个群体的舒适程度,于是基于黑箱理论,他们提出了居住建筑自适应热舒适模型(PMVa)。其在 PMV 所需参数的基础上增加了气候、文化以及心理和行为等因素。

Bouzidi 等通过实验得出,PMVa 模型比 PMV 模型对于夏季医疗住宅中患者的热感觉评估更为准确。Bouzidi 的 PMVa 模型解释了医疗建筑中的环境参数和居住者热舒适的关系,据此可以改善 HVAC 系统的供暖通风策略,进一步改善残障人士的居住环境。

Brik 等[51] 同样选择了由残疾儿童家长协会管理的医疗住宅作为研究对象。他们提出了一种基于物联网和深度学习来分析残障人士室内热舒适性的方法。他们构建了一种物联网框架,用来收集、传输以及处理数据。该框架分为三个部分,图 6-4 为 Brik 等提出的物联网框架。

图 6-4 Brik 等提出的物联网框架

在数据收集阶段,Brik 在医疗住宅中安装了三种不同类型的传感器,以便于采集室内温度、湿度和空气流速等数据。在网络传输阶段,他们使用 WiFi 作为无线接入技术,将数据上传至云端。在云端处理阶段,他们将收集到的数据进行整合、存储和处理,并为用户提供了实时监控、统计分析和图形可视化等服务。最后,他们建立了一个神经网络模型,用来预测残障人士的热舒适,该模型的正确率为 94%,准确率为 98%,召回率为 97%。

大多数残障人士由于行动不便,无法自己完成开关空调、增减衣物等行为。通过非接触式热舒适测量技术,可以实时监控他们自身的热舒适状况,并根据测量结果自动调节暖通系统,这样不仅能够提升残障人士的生活质量,而且也能在一定程度上减轻看护人员的负担。

6.4.2 老年人群

随着我国经济和医疗水平的不断提高,人均寿命逐渐延长,人口老龄化现象日益突出。自 2000 年以来我国开始进入老龄化社会。随着老年人口相对增加,如何为老年人提供高质量的热舒适环境成了迫切需要解决的问题。由于老年人的新陈代谢率降低、体温调节反应迟缓、心血管柔韧性降低等因素[52],老年人的热舒适感受会与年轻人有所不同。现有的调查研究大多数专注于处在特定场合中人的热舒适,然而针对老年人群体的热舒适调研少之又少。老年人作为社会中一类重要的特殊群体,其热舒适问题不容小觑。

过冷或过热的生活环境会对老年人产生许多不良影响。温度不适宜的居住环境会增加老年人的经济负担。由于老年人受到行动能力的限制,所以他们往往将空调或加热器作为调节室温的首要选择。在恶劣的气候条件下,空调和加热器的电费会成为老年人的一大生活负担,即使如此,一些老年人依旧会感到热不适[53]。太冷或太热的生活环境还会影响老年人的身体健康,诱发一系列疾病,如中暑、体温过低、肺炎等。持续处于极端天气下,还可能进一步增加老年人的发病率和死亡率[52]。老年人由于生理原因,对于外界环境的冷热变化不敏感,比一般人需要更长的时间才能做出反应。长时间处于过冷的环境下,会使老年人体温过低,导致精神错乱、嗜睡,甚至失去意识、死亡。长时间处于过热的环境下,也容易导致老年人产生头晕、中暑、昏倒和死亡的现象[54]。因此对于老年人所处环境的温度变化,应当给予充分的重视。

柏勇珍[55] 利用无线网络传感器技术(WSN)实时收集养老机构的热环境参数,通过对现场环境测量且对老人进行热舒适度问卷调查,模拟了养老机构建筑环境。

姚新玲[56] 于 2010 年 12 月至 2011 年 4 月对上海 8 所养老机构的 109 名老年人进行了问卷调查和现场测试。统计结果表明,养老机构老年人居室内空调的普及率达 100%,但室内热湿环境并不理想,只有 44.9% 的老年人居室温度满足《夏热冬冷地区居住建筑节能设计标准》JGJ 134—2010,而 75% 的老年人的热感觉为中性。

于竞宇等[57] 利用 PMV 模型研究了合肥市养老机构热舒适性,通过统计分析发现非人工热源条件下 APMV 模型比热源条件下 PMV 模型计算的可接受温度范围小,并且实际的中立温度也超出了两种模型计算的可接受温度。

杨玉兰等[58] 使用节点分裂法对传统的随机森林模型进行优化,提出一种老年人热舒适仿真理论模型。该模型的性能优于传统的随机森林、决策树算法和 PMV 模型。

焦瑜等[59] 提出了作用于老年人生理参数和健康状况的个性化热环境参数清单和参数设计建议值,可以为上海地区养老机构室内热环境的设计和管理提供理论依据和实践建议。

刘红等[60] 为探究自然通风住宅中老年人适应性热舒适的特殊性,在重庆市对 6 家养老机构和 14 个居民小区进行了现场研究。结果显示,在夏季热环境中,老年人的热感觉投票值偏低,不满意率也较低,可接受上限温度值偏高。采用预计适应性平均热感觉指数 APMV 模型预测老年人的热舒适投票值,得到老年人的自适应系数 $\lambda = 0.55$。建议老年公寓采用 I 级指标进行热舒适评价,得到对应的老年人可接受温度范围为 22.70~27.78℃。

Tejedor 等[61] 提出了一种利用红外热成像确定老年人室内热舒适的方法。他们测量了老年人的面部特征点的皮肤温度和衣服温度,并收集了养老院的室内环境参数,同时进行了热舒适问卷调查。通过数据分析得出热舒适时各参数的具体数值，并提出了一种暖通空调的控制策略。

Miura 等[62] 将热感相机和 RGB 深度摄像机与移动辅助机器人进行结合，利用热点云技术在热图像中精确地提取人体区域，有效地测量服装热阻，从而实现实时热舒适评估。

热舒适的测量技术在老年人群中具有重大的应用意义，特别是在养老院中，不仅能够使老年人的生活环境更加舒适，还能减轻看护人员的工作负担。接触式和半接触式测量设备在测量与热舒适相关的生理因素时，也能对老年人的身体健康状况进行监控。

6.4.3　医疗患者

医院作为一类特殊的医疗建筑，应当为患者提供有利于身心康复的环境。医院建筑不仅布局复杂，不同科室众多，且各科室之间对于环境的要求各不相同，所以医院中不同人群的热舒适也不尽相同。Skoog 等[63] 对医院中的患者和工作人员进行调查研究，发现这两类不同的人群对室内环境的需求是截然不同的。Khodakarami 等[50] 也发现在医院内的同一空间下，难以满足不同群体（包括患者、访客和医护工作人员）对于热舒适的不同要求。

甚至，不同病患对于热舒适的要求也不尽相同。2019 年，王志亮等[64] 对风湿病房的热舒适进行研究，结果表明相比于正常人，风湿患者更倾向于偏暖的居住环境。同年，姬向菲[65] 对于夏季的医院产科门诊的热湿环境进行研究，并且针对该区域内的医护工作人员和孕妇及其家属进行热舒适调查，结果表明孕妇的热中性值与热期望值均低于其他参与调查人员。彭婷[66] 在研究广州地区医院产科候诊区域人体热舒适时，发现处于不同妊娠期的孕妇的热中性温度也存在明显差异。因此，针对不同患者进行热舒适测量尤为重要。

Hwang 等[67] 在我国台湾地区一所大学医院研究 ASHRAE 热舒适标准的适用性。结果显示，根据患者不同的健康程度，其热舒适温度的要求也有所差异，并分析得出了夏、冬两季我国台湾地区医院患者的热中性温度和偏好温度。

重庆大学刘祥[68] 对病人主观热感觉及其居住的病房热环境进行了现场调查研究和分析，发现影响病人热舒适的因素还有病人的健康状况、患病类型和治疗方式，最后建立了用于评价和预测病人热舒适的统计学模型。

冯鹤华[69] 采用睡眠模式下的热舒适模型预测卧姿病人的热感觉，同时对夏、冬两季的普通病房进行主观调查和现场热环境测试。通过温度频率法分析发现，相比于健康人群，普通病房患者在夏季的中性温度较低，而冬季的中性温度较高，患者对温度变化的热敏感程度更小。

Yau 等[70] 针对马来西亚的一家医院工作人员的热舒适状况进行调查，结果显示PMV 预测模型的满意率与实际投票的满意率之间存在显著差异，因此 PMV 预测模型对处于热带地区医院内的人员并不适用。

Verheyen 等[71] 对比利时的一家医院中六个不同科室的患者进行主观热舒适测量和客观参数（环境以及个人）采集，用来评估患者的热舒适。实验结果显示，除了神经内科，其他科室患者根据客观测量所得的 PMV 与实际平均投票（AMV）无明显差异。

Pourshaghaghy 等[72] 针对公立医院中病房、急诊室、放射室、手术室以及实验室这五类房间进行热舒适的现场研究。实验结果表明，夏季受试者的平均不满意率比冬季高出

8.7%，且夏、冬两季的 PDD 指标计算的数值与实际不满意率大致相符，PMV 指标计算数值也与实际热感觉投票不存在明显差异。

如今对于医疗患者热舒适状况评估大多数是采用主观问卷调查和客观（环境）因素测量这两种方式相结合，但未来对医疗患者的热舒适测量方法，应是以接触式和半接触式为主。其原因主要有以下两个方面：（1）医院具有大量测量不同生理参数的医疗设备，基于这些参数可以对患者的热舒适进行有效预测[73]。（2）医院的大部分科室对于温度和湿度有着严格的控制，环境因素对于人体热舒适的影响基本保持不变，因此测量人体的部分生理参数就足以表现热舒适状态。

6.4.4　婴幼儿

婴幼儿作为一类特殊人群，只有在正确的保育措施下才能保证他们的身心健康成长，所以要对婴幼儿生活中所需要的物质条件和成长环境进行密切关注[74]。正常成年人能够保持稳定的体温，但是新生儿的恒温能力十分弱小。婴幼儿体温过低时，会表现出哭声低微、皮肤冰凉、皮下脂肪凝固，如果不及时采取相应措施，可能会导致新生儿身体虚弱、抵抗力差、甚至威胁生命。而婴幼儿体温过高时，可能会出现脱水现象，严重时同样会危及生命。婴幼儿由于体温调剂中枢系统还没有发育完善，皮下脂肪较少，体表面积相对较大，热量容易散发，体温易于随外界环境改变而升降，并且他们无法用言语表达自身感受，因此针对婴幼儿的热舒适状况进行实时监控是有必要的。

Ying 等[75]建立了一个改进的 9 节点婴儿热生理反应数学模型，该模型结合了 Gagge 的双节点模型和 Stolwijk 的多节点模型。该模型在考虑婴幼儿个体差异的同时，建立了婴幼儿的基本几何参数和热生理参数之间的联系。经过实验证明，该模型在预测中性热环境和皮肤温度分布方面具有优秀的性能。

Garcia-Souto 等[76]针对 3～24 个月大小的婴幼儿的核心温度和局部皮肤温度进行研究。他们将婴幼儿温度分布与成年人进行比较，得出婴幼儿有较高的核心温度，但随着年龄的增加，前额和四肢的局部皮肤温度会升高，成年后腹部、上胸部和小腿的局部皮肤温度会下降，体质指数（Body Mass Index，BMI）对核心温度和局部皮肤温度的影响最大。

Oldenburg 等[77]针对影响早产儿热舒适因素之一的湿度展开研究。他们将婴幼儿置于 3 种不同的湿度环境下，通过多参数检测仪器分析生理参数，并使用新生儿疼痛评估量表 NIPS 对行为参数进行分析。实验结果表明，婴幼儿对于湿度的变化有较强的适应性，而且适当的提高湿度不仅能获得更好的流体平衡，而且能够改善婴幼儿的热舒适。

Musialik-Swietlińska 等[78]使用了红外彩色热成像来评估健康的新生儿热舒适。他们通过红外彩色热成像，记录腹部和脚部的皮肤温度并计算这两部分的差异。实验结果显示，早产儿的体温比正常新生儿高，而且红外彩色热成像所提供的信息可用于确定新生儿的最佳热舒适度。

Fabbri[79]针对幼儿园内 4～5 岁的儿童进行热舒适测量和评估。他不仅收集了幼儿园室内环境参数，而且对儿童进行了问卷调查。经过分析发现，儿童对热舒适的感知与他们对世界的认知有着紧密的联系，认知因素改变了他们对室内环境因素的主观判断。代谢率和衣物绝缘系数均偏高，是儿童喜欢凉爽环境的主要原因。

Teli 等[80]对学校教室中的儿童进行了热感觉和整体舒适度的研究。他们对教室内的环境参数进行测量，同时对儿童进行了热舒适问卷调查。他们将研究结果与其他学校办公室内成年人的调查结果进行比较，结果表明，儿童与成年人对热舒适的需求不同，且更倾向于温暖的环境，但是男生却更喜欢凉爽的环境。

如今以成年人为基础的热舒适标准不适用于婴幼儿，但依旧能为婴幼儿的热舒适预测提供部分理论依据。由于接触式和半接触式热舒适检测方法需要佩戴传感设备，可能给婴幼儿带来不适的感觉，所以非接触式热舒适检测方法在检测婴幼儿热舒适方面具有广阔的应用前景。

6.4.5　穿着特殊个体服装装备者

由于工作作业环境的特殊性，一些诸如消防员、防化作业人员、排爆警察、紧急救援人员、卡通人偶等群体，在开展作业前需穿着特殊个体防护服装装备（卡通服装）来保护人体安全（取悦观众）[81,82]。通常特殊个体防护服装装备的透气性和透湿性较差，且整套防护装备较传统服装体积大且厚重。因此，穿着特殊个体服装装备作业人员在开展高强度工作时很容易受到热应激的影响。在高强度劳动作业中，人体主要的生理挑战是心脏输出增加，以支持用于散热的高皮肤血流量和高肌肉血流量，而肾和内脏血流量代偿性减少[83]。当这些代偿反应不足时，皮肤、肌肉甚至脑的血流都会受到影响，继而影响组织代谢和热交换。此外，随着环境温度的升高，人体出汗增加，汗水蒸发成为主要的传热机制。如果不补充高出汗率的液体流失，减少的血浆体积（由于脱水）会进一步增加生理压力，损害机体，增加机体发热的风险。倘若穿着厚重且不透气的个体防护装备，人体体温会在短时间内升高到 38.3℃以上，从而很容易出现诸如头晕、恶心、肌肉痉挛、昏厥、意识模糊等热衰竭症状[83]。若人体出现急剧的体温升高症状，则需立刻送往医院进行治疗，以免伤残甚至死亡。此外，如果个体血压过低，还会增加心脏病发作的风险。因此，实时监测穿着特殊个体服装装备作业人员的核心温度或识别面部微表情，获取他们的健康状况变得尤为重要。

核心温度是表征个体热应激最重要的生理指标[84]。实时监测个体核心温度、皮肤温度和失水量是控制个体体内积热的可靠方法。鉴于温度传感器需要入侵到体内方能获取个体核心温度，因此当前实时监测人体核心温度的研究工作大多数是在实验室内开展的。人体核心温度的测量通常是在耳膜、耳道、口腔、腋下、食管、直肠或肠内进行的[85]。前人研究结果表明，在身体不同部位测得的核心温度存在着差异。Teunissen 等[86]在热环境研究中，测量了肠道温度和直肠温度。研究表明，在高温条件下，直肠温度和肠道温度具有一定的代表性。Domitrovich 等[87]建议通过测量直肠或肠道温度来评价竞技体育运动中个体温度过高现象。直肠或肠道温度的测量都属于侵入式（即创伤式）的测量方法。在作业现场，通过测量直肠或肠道温度来实时监控个体热应激是不可行的，如何采用非侵入式获取作业中个体实时核心温度是需要迫切解决的关键性科学问题。

非侵入式获取个体核心温度主要有零热流法和间接法。零热流法（zero heat flux）是由 Fox 等[88]提出的，之后众多科学家[89~91]研制了零热流传感器用于监测个体核心温度。它们主要被用于监控医院内麻醉病人的核心温度。目前还没有关于使用零热流传感器采集劳动中个体核心温度的报道，这主要是因为使用零热流传感器测量多变热环境下劳动作业个体核心温度的难度较大。由于个体在劳动过程中皮肤与零热流传感器可能会产生位移从而影响获取温度的准确度，因此造成实际测得的温度与直肠温度会存在较大差异。间接法是通过非侵入式采集个体生理指标，进而建立核心温度与非侵入式采集到的生理指标的数学关系式来达到实时预测个体核心温度目标[92~94]。Nidermann 等[93] 基于 10 名男性受试者建立了个体核心温度预测模型并指出须采集多种生理变量方可更准确地预测核心温度。Kim 和 Lee[87] 探讨了采用皮肤温度预测核心温度的可行性并指出采用前额和前胸温度预测人体核心温度是可行的。Buller 等[95] 召集了 29 名美国士兵开展热应激生理实验并建立了基于心率的人体核心温度数学关系式。模型预测的核心温度与实验过程中测得的食道和直肠温度的最小差异为 ±0.48℃。Richmond 等[96] 基于 12 名男性受试者和 9 名女性受试者建立了皮肤温度、衣下空气层温度、心率和工作状态与核心温度之间的数学模型。验证结果表明，预测核心温度在均值的 97.5% 的置信区间内。近期，Falcone 等[97] 在一篇系统综述中，深入探讨了实时预测人体核心体温的现有方法及其在各种职业领域上的应用，文中指出，实时预测核心温度问题似乎是一个很大的科研挑战。尽管如此，文献中提出了一些可能适用于职业领域的令人鼓舞的解决方案[87,95,98~103]。

近年来随着计算机视觉、非接触红外测温（non-contact infrared thermometry，NCIT）、图像处理、深度学习等技术和科学方法飞速发展，通过在特殊个体服装装备（例如：防护头盔、卡通人偶头套）内置普通及红外线摄像头识别和采集人体面部微表情及面部温度，进而判断人体舒适度、健康及实时预测核心温度，从而解决了在现实工作场景下，现有实时侵入式采集或半侵入式采集温度难以预测核心温度的难题。Chen 等[104] 建议将额头温度临界值 36℃ 作为筛选病人是否发烧的判断依据。对于穿着特殊个体防护/卡通人偶服装装备的人群来说，采用通过内置于头盔的非接触式红外摄像头实时监测额头温度，并系统深入地找寻额头温度和核心体温之间的量化关系，便有可能解决当前基于非侵入式/非接触式测温方法精确预测人体实时核心温度的难题。当前市场上的绝大多数非接触红外摄像装置的精度在 ±（1~2）℃，这远未达到国际标准中规定的人体温度测量的精度（±0.1~0.3℃）[105]。但是，一些专为人体温度筛查设计的非接触红外摄像设备仅在相关的皮肤温度范围内（即 30~40℃）进行校准，从而将精度提高到 ±0.3℃ 以内。使用非接触式红外测温法进行皮肤温度评估可以充分达到实时跟踪核心温度的目的，但必须采用适当的技术并在标准化条件下进行[106]。目前，非接触式红外测温在监测穿着特殊个体服装装备人群上的应用还处于起步阶段。在标准化条件下，前额或内眼角的 NCIT 评估或许可以替代核心温度评估的传统方法，上述推测还需要进一步的研究才可能被确认。另外，随着人工智能和大数据技术的广泛应用以及图形计算能力的提高，人脸识别和人脸表情识别受到了越来越多的关注。基于深度学习的面部表情的识别在诸如交流谈判、审讯、情感分析等领域已经有广泛的应用[107~113]。通过内置摄像头识别穿着防护装备个体的面部微表情，进而判断人体热舒适及健康状况，相信会在不远的将来得到长足发展。

6.5 动物非接触测量方法

由于传统的接触式测量（植入或插入传感器）会对动物的正常活动和健康生长造成极大的干扰，所以在兽医学、生物学等相关领域，红外成像技术是一种常用的识别、监测动物状态的非接触方法。它具有自动化、远距离、实时传输等优点，可以适用于监测各类野生或人工饲养的动物[114,115]。

在野生动物研究领域，针对一些行踪诡异、难以人为追踪观察的野生动物，红外相机已经得到了广泛应用，能够捕捉它们的行踪，评估该种野生动物的种群现状及生存情况等，从而提出针对该物种的保护拯救措施[114]。同时一些研究中为了观察和分析不同类型野生动物的热调节过程，通过红外成像技术可以获取动物体表温度，从而为研究与体温调节相关的生理反应提供科学依据[115]。

在畜牧养殖业领域，动物体表温度变化已经被证实可以作为判断动物的健康状况、生长阶段等信息的依据[116~119]。然而应用水银体温计或电子体温计的传统接触式测温方法不仅费时费力、容易造成个体间交叉感染，而且不宜用于大规模养殖产业[120]。因此，红外传感技术作为一种更科学、更有效的远程非接触测温手段得到了广泛应用。Maia 等[117]提出基于红外成像技术采集马的腋窝、臀部、乳房和腹股沟的温度，并利用机器学习算法分析预测马的热舒适。同时非接触红外测量方法也可以用于诊断跛马及评估马蹄的炎症程度，从而协助兽医得出最佳治疗方案[118]。Soerensen 和 Pedersen[119] 基于红外传感技术评估了猪的皮肤、所处环境和体温之间的关系，以及在检测发烧、炎症、创伤、排卵和精神状况以及肉质评估等方面的应用。与人类不同，动物不可以主动、准确地向周围环境表达自己当前的感受。因此，采用非接触式检测方法测量动物的各类生理参数，判断动物当前状态是必要的，不仅有利于诊断牲畜的健康状况，还对畜牧养殖行业具有重要的指导作用。

本章参考文献

［1］ Song W，Zhang Z，Chen Z，et al. Thermal comfort and energy performance of personal comfort systems（PCS）：A systematic review and meta-analysis［J］. Energy and Buildings，2022，256：111747.

［2］ Aguilera J J，Kazanci O B，Toftum J. Thermal adaptation in occupant-driven HVAC control［J］. Journal of Building Engineering，2019，25：100846.

［3］ Yang B，Sekhar C，Melikov A K. Ceiling mounted personalized ventilation system in hot and humid climate—An energy analysis［J］. Energy and Buildings，2010，42（12）：2304-2308.

［4］ Pan C S，Chiang H C，Yen M C，et al. Thermal comfort and energy saving of a personalized PFCU air-conditioning system［J］. Energy and Buildings，2005，37（5）：443-449.

［5］ Schiavon S，Melikov A K. Energy-saving strategies with personalized ventilation in cold climates［J］. Energy and Buildings，2009，41（5）：543-550.

［6］ Zhang H，Arens E，Taub M，et al. Using footwarmers in offices for thermal comfort and energy savings［J］. Energy and Buildings，2015，104：233-243.

［7］ Kim J，Zhou Y，Schiavon S，et al. Personal comfort models：Predicting individuals′ thermal preference using occupant heating and cooling behavior and machine learning［J］. Building and Environment，2018，129：96-106.

［8］ Tian Z，Love J A. A field study of occupant thermal comfort and thermal environments with radiant slab cooling［J］. Building and Environment，2008，43（10）：1658-1670.

［9］ Yang B，Li Z，Zhou B，et al. Enhanced effects of footwarmer by wearing sandals in winter office：A Swedish case study［J］. Indoor and Built Environment，2021，30（7）：875-885.

［10］ Li Z，Ke Y，Wang F，et al. Personal cooling strategies to improve thermal comfort in warm indoor environments：Comparison of a conventional desk fan and air ventilation clothing ［J］. Energy and Buildings，2018，174：439-451.

［11］ Cheng X，Yang B，Olofsson T，et al. A pilot study of online non-invasive measuring technology based on video magnification to determine skin temperature ［J］. Building and Environment，2017，121：1-10.

［12］ Tanda G. Skin temperature measurements by infrared thermography during running exercise ［J］. Experimental Thermal and Fluid Science，2016，71：103-113.

［13］ Jazizadeh F，Jung W. Personalized thermal comfort inference using RGB video images for distributed HVAC control ［J］. Applied Energy，2018，220：829-841.

［14］ Zou J，Zhao Q，Yang W，et al. Occupancy detection in the office by analyzing surveillance videos and its application to building energy conservation ［J］. Energy and Buildings，2017，152：385-398.

［15］ Liu D，Guan X，Du Y，et al. Measuring indoor occupancy in intelligent buildings using the fusion of vision sensors ［J］. Measurement Science and Technology，2013，24（7）：074023.

［16］ Wang J，Huang J，Feng Z，et al. Occupant-density-detection based energy efficient ventilation system：Prevention of infection transmission ［J］. Energy and Buildings，2021，240：110883.

［17］ Wang H，Wang G，Li X. Image-based occupancy positioning system using pose-estimation model for demand-oriented ventilation ［J］. Journal of Building Engineering，2021，39：102220.

［18］ Tien P W，Wei S，Calautit J K，et al. Vision-based human activity recognition for reducing building energy demand ［J］. Building Services Engineering Research and Technology，2021，42（6）：691-713.

［19］ Zhai Y，Miao F，Yang L，et al. Using personally controlled air movement to improve comfort after simulated summer commute ［J］. Building and Environment，2019，165：106329.

［20］ 杨斌，许帅星，杨长青，等. 一种平疫两用贴附通风气流环境调控装置：中国，CN213630791U ［P］. 2021-07-06.

［21］ 杨斌，吴梦纯，杨长青，等. 一种桌面空气幕动力装置：中国，CN213630848U ［P］. 2021-07-06.

［22］ Liu W，Liu L，Xu C，et al. Exploring the potentials of personalized ventilation in mitigating airborne infection risk for two closely ranged occupants with different risk assessment models ［J］. Energy and Buildings，2021，253：111531.

［23］ 杨斌，杨鹏飞，潘炳安，等. 一种病房送排风空气幕系统及其使用方法：中国，CN112856671A ［P］. 2021-05-28.

［24］ Conti J. Annual Energy Outlook 2013 ［R］. Washington DC：U. S. Energy Information Administration，2013.

［25］ Energy Market Authority. EMA（2014）Singapore Energy Statistics 2014 ［DB/OL］. ［2014-10-24］.

［26］ Flemons W W. Obstructive sleep apnea ［J］. New England Journal of Medicine，2002，347（7）：498-504.

［27］ Kemp B，Zwinderman A H，Tuk B，et al. Analysis of a sleep-dependent neuronal feedback loop：the slow-wave microcontinuity of the EEG ［J］. IEEE Transactions on Biomedical Engineering，2000，47（9）：1185-1194.

［28］ Cho S P，Lee J，Park H D，et al. Detection of arousals in patients with respiratory sleep disorders using a single channel EEG ［C］. 2005 IEEE Engineering in Medicine and Biology 27th Annual Conference. Shanghai，China，2006：2733-2735.

［29］ Choi B H，Chung G S，Lee J S，et al. Slow-wave sleep estimation on a load-cell-installed bed：a nonconstrained method [J]. Physiological Measurement，2009，30（11）：1163.

[30] Tseng H W，Huang C D，Yen L Y，et al. A method of measuring sleep quality by using PPG [C]. 2016 IEEE International Conference on Consumer Electronics-Taiwan（ICCE-TW）. Nantou County，Taiwan，China，2016：1-2.

[31] Kripke D F，Hahn E K，Grizas A P，et al. Wrist actigraphic scoring for sleep laboratory patients：algorithm development [J]. Journal of Sleep Research，2010，19（4）：612-619.

[32] Dafna E，Tarasiuk A，Zigel Y. Sleep-quality assessment from full night audio recordings of sleep apnea patients [C]. 2012 Annual International Conference of the IEEE Engineering in Medicine and Biology Society. San Diego，California，USA，2012：3660-3663.

[33] Dafna E，Tarasiuk A，Zigel Y. Sleep-wake evaluation from whole-night non-contact audio recordings of breathing sounds [J]. PLoS ONE，2015，10（2）：e0117382.

[34] Wu H，Kato T，Numao M，et al. Statistical sleep pattern modelling for sleep quality assessment based on sound events [J]. Health Information Science and Systems，2017，5（1）：1-11.

[35] Xue B，Deng B，Hong H，et al. Non-contact sleep stage detection using canonical correlation analysis of respiratory sound [J]. IEEE Journal of Biomedical and Health Informatics，2019，24（2）：614-625.

[36] Peng Y T，Lin C Y，Sun M T，et al. Multimodality sensor system for long-term sleep quality monitoring [J]. IEEE Transactions on Biomedical Circuits and Systems，2007，1（3）：217-227.

[37] Domingues A，Paiva T，Sanches J M. Sleep and wakefulness state detection in nocturnal actigraphy based on movement information [J]. IEEE Transactions on Biomedical Engineering，2013，61（2）：426-434.

[38] El-Manzalawy Y，Buxton O，Honavar V. Sleep/wake state prediction and sleep parameter estimation using unsupervised classification via clustering [C]. 2017 IEEE International Conference on Bioinformatics and Biomedicine（BIBM）. Kansas City，MO，USA，2017：718-723.

[39] Choe J，Montserrat D M，Schwichtenberg A J，et al. Sleep analysis using motion and head detection [C]. 2018 IEEE Southwest Symposium on Image Analysis and Interpretation（SSIAI）. Las Vegas，NV，USA，2018：29-32.

[40] Cheng X，Yang B，Olofsson T，et al. A pilot study of online non-invasive measuring technology based on video magnification to determine skin temperature [J]. Building and Environment，2017，121：1-10.

[41] Cheng X，Yang B，Tan K，et al. A contactless measuring method of skin temperature based on the skin sensitivity index and deep learning [J]. Applied Sciences，2019，9（7）：1375.

[42] Cheng X，Yang B，Hedman A，et al. NIDL：A pilot study of contactless measurement of skin temperature for intelligent building [J]. Energy and Buildings，2019，198：340-352.

[43] Meier A，Cheng X，Dyer W，et al. Non-invasive assessments of thermal discomfort in real time [C]. CATE 2019-Comfort at the Extremes：Energy，Economy and Climate. Heriot Watt University，Dubai，2019.

[44] Yang B，Cheng X，Dai D，et al. Real-time and contactless measurements of thermal discomfort based on human poses for energy efficient control of buildings [J]. Building and Environment，2019，162：106284.

[45] Qian J，Cheng X，Yang B，et al. Vision-based contactless pose estimation for human thermal discomfort [J]. Atmosphere，2020，11（4）：376.

[46] 吴海波，张珺茹，沈玉玲. 长护险背景下失能人群机构护理等级评定标准研究 [J]. 上海保险，

2020（11）：39-44.

[47] Webb L H，Parsons K C. Thermal comfort requirements for people with physical disabilities [J]. Sustainable Build，2000，44：114-121.

[48] Webb L H，Parsons K C，Hodder S G. Thermal comfort requirements：A study of people with multiple sclerosis [J]. ASHRAE Transactions，1999，105：648-660.

[49] Bouzidi Y，El Akili Z，Gademer A，et al. How Can We Adapt Thermal Comfort for Disabled Patients? A Case Study of French Healthcare Buildings in Summer [J]. Energies，2021，14（15）：4530.

[50] Khodakarami J，Knight I. Measured thermal comfort conditions in Iranian hospitals for patients and staff [C]. Proceedings of the CLIMA 2007 Wellbeing Indoors. Helsinki，Finland，2007.

[51] Brik B，Esseghir M，Merghem-Boulahia L，et al. An IoT-based deep learning approach to analyse indoor thermal comfort of disabled people [J]. Building and Environment，2021，203：108056.

[52] Van Hoof J，Schellen L，Soebarto V，et al. Ten questions concerning thermal comfort and ageing [J]. Building and Environment，2017，120：123-133.

[53] Healy J D，Clinch J P. Fuel poverty，thermal comfort and occupancy：results of a national household-survey in Ireland [J]. Applied Energy，2002，73（3-4）：329-343.

[54] Soebarto V，Zhang H，Schiavon S. A thermal comfort environmental chamber study of older and younger people [J]. Building and Environment，2019，155：1-14.

[55] 柏勇珍. 基于无线网络传感器和建筑信息模型的养老机构热舒适度研究 [D]. 合肥：合肥工业大学，2019.

[56] 姚新玲. 上海养老机构老年人居室热环境调查及分析 [J]. 暖通空调，2011，（12）：66-70.

[57] 于竞宇，柏勇珍，Tanbir Hassan. 基于PMV模型的合肥养老机构老年人热舒适度研究 [C].《环境工程》2018年全国学术年会论文集（下册）. 2018：956-960.

[58] 杨玉兰，李洋，邱惠鑫，等. 一种老年人热舒适仿真模型 [J]. 浙江工业大学学报，2021，49（01）：47-52.

[59] 焦瑜，于一凡，胡玉婷，等. 室内热环境对老年人生理参数和健康影响的循证研究——以上海地区养老机构为例 [J]. 建筑技艺，2020，26（10）：45-49.

[60] 刘红，吴语欣，张恒，等. 夏季自然通风住宅老年人适应性热舒适评价研究 [J]. 暖通空调，2015，45（06）：50-58.

[61] Tejedor B，Casals M，Gangolells M，et al. Human comfort modelling for elderly people by infrared thermography：Evaluating the thermoregulation system responses in an indoor environment during winter [J]. Building and Environment，2020，186：107354.

[62] Miura J，Demura M，Nishi K，et al. Thermal comfort measurement using thermal-depth images for robotic monitoring [J]. Pattern Recognition Letters，2020，137：108-113.

[63] Skoog J，Fransson N，Jagemar L. Thermal environment in Swedish hospitals：Summer and winter measurements [J]. Energy and Buildings，2005，37（8）：872-877.

[64] 王志亮，张梦涵，陈丽萍. 南京医院风湿病房热舒适性研究 [J]. 建筑节能，2019，47（12）：97-100.

[65] 姬向菲. 医院产科门诊热湿环境及热舒适研究 [D]. 广州：广州大学，2019.

[66] 彭婷. 广州地区医院产科候诊区域人体热舒适研究 [D]. 广州：广州大学，2020.

[67] Hwang R L，Lin T P，Cheng M J，et al. Patient thermal comfort requirement for hospital environments in Taiwan [J]. Building and Environment，2007，42（8）：2980-2987.

[68] 刘祥. 病房室内热环境与人体热舒适研究 [D]. 重庆：重庆大学，2014.

[69] 冯鹤华. 普通病房人体热舒适研究 [D]. 重庆：重庆大学，2015.

[70] Yau Y H，Chew B T. Thermal comfort study of hospital workers in Malaysia [J]. Indoor Air，2010，19 (6)：500-510.

[71] Verheyen J，Theys N，Allonsius L，et al. Thermal comfort of patients：Objective and subjective measurements in patient rooms of a Belgian healthcare facility [J]. Building and Environment，2011，46 (5)：1195-1204.

[72] Pourshaghaghy A，Omidvari M. Examination of thermal comfort in a hospital using PMV-PPD model [J]. Applied Ergonomics，2012，43 (6)：1089-1095.

[73] Mansi S A，Barone G，Forzano C，et al. Measuring human physiological indices for thermal comfort assessment through wearable devices：A review [J]. Measurement，2021，183：109872.

[74] 周措. 正确的儿童保健对婴幼儿早期生长发育的影响及护理措施 [J]. 家庭生活指南，2021，37 (03)：106-107.

[75] Ying B A，Kwok Y L，Li Y，et al. An improved mathematical model of thermal physiological response of naked infants [J]. Journal of Fiber Bioengineering and Informatics，2009，2 (2)：90-100.

[76] Garcia-Souto M D P，Dabnichki P. Core and local skin temperature：3-24 months old toddlers and comparison to adults [J]. Building and Environment，2016，104：286-295.

[77] Oldenburg Neto C F，Amorim M F. Influence of watervapour pressure on the thermal comfort of premature newborn [C]. World Congress on Medical Physics and Biomedical Engineering 2006. Springer，Berlin，Heidelberg，2007：3645-3648.

[78] Musialik-Swietlińska E，Wojaczyńska-Stanek K，Swietliński J，et al. Thermal comfort in preterm babies. Infra-red colour thermography findings. Preliminary report [J]. Medycyna Wieku Rozwojowego，2011，15 (1)：79-83.

[79] Fabbri K. Thermal comfort evaluation in kindergarten：PMV and PPD measurement through datalogger and questionnaire [J]. Building and Environment，2013，68：202-214.

[80] Teli D，James P A B，Jentsch M F. Thermal comfort in naturally ventilated primary school classrooms [J]. Building Research and Information，2013，41 (3)：301-316.

[81] Wang F，Gao C. Protective clothing：managing thermal stress [M]. Cambridge：Woodhead Publishing，2014.

[82] Wang F，Chow C S W，Zheng Q，et al. On the use of personal cooling suits to mitigate heat strain of mascot actors in a hot and humid environment [J]. Energy and Buildings，2019，205：109561.

[83] Périard J D，Eijsvogels T M H，Daanen H A M. Exercise under heat stress：Thermoregulation，hydration，performance implications，and mitigation strategies [J]. Physiological Reviews，2021，101 (4)：1873-1979.

[84] Yokota M，Berglund L G，Santee W R，et al. Applications of real-time thermoregulatory models to occupational heat stress：validation with military and civilian field studies [J]. The Journal of Strength & Conditioning Research，2012，26：S37-S44.

[85] Niedermann R，Wyss E，Annaheim S，et al. Prediction of human core body temperature using non-invasive measurement methods [J]. International Journal of Biometeorology，2014，58 (1)：7-15.

[86] Teunissen L P J，De Haan A，De Koning J J，et al. Telemetry pill versus rectal and esophageal temperature during extreme rates of exercise-induced core temperature change [J]. Physiological measurement，2012，33 (6)：915.

[87] Domitrovich J W，Cuddy J S，Ruby B C. Core-temperature sensor ingestion timing and measurement

variability [J]. Journal of athletic training，2010，45（6）：594-600.

［88］ Fox R H，Solman A J，Isaacs R，et al. A new method for monitoring deep body temperature from the skin surface [J]. Clinical Science and Molecular Medicine，1973，44（1）：81-86.

［89］ Teunissen L P J，Klewer J，De Haan A，et al. Non-invasive continuous core temperature measurement by zero heat flux [J]. Physiological Measurement，2011，32（5）：559.

［90］ Kitamura K I，Zhu X，Chen W，et al. Development of a new method for the noninvasive measurement of deep body temperature without a heater [J]. Medical Engineering and Physics，2010，32（1）：1-6.

［91］ Opatz O，Stahn A，Werner A，et al. Determining core body temperature via heat flux-a new promising approach [J]. Resuscitation，2010，81（11）：1588-1589.

［92］ Jones D P. Biomedical sensors [M]. New York：Momentum Press，2010.

［93］ Niedermann R，Wyss E，Annaheim S，et al. Prediction of human core body temperature using non-invasive measurement methods [J]. International Journal of Biometeorology，2014，58（1）：7-15.

［94］ Pandian P S，Mohanavelu K，Safeer K P，et al. Smart Vest：Wearable multi-parameter remote physiological monitoring system [J]. Medical Engineering and Physics，2008，30（4）：466-477.

［95］ Buller M J，Tharion W J，Duhamel C M，et al. Real-time core body temperature estimation from heart rate for first responders wearing different levels of personal protective equipment [J]. Ergonomics，2015，58（11）：1830-1841.

［96］ Richmond V L，Davey S，Griggs K，et al. Prediction of core body temperature from multiple variables [J]. Annals of Occupational Hygiene，2015，59（9）：1168-1178.

［97］ Falcone T，Cordella F，Molinaro V，et al. Real-time human core temperature estimation methods and their application in the occupational field：A systematic review [J]. Measurement，2021，183：109776.

［98］ Buller M J，Tharion W J，Cheuvront S N，et al. Estimation of human core temperature from sequential heart rate observations [J]. Physiological Measurement，2013，34（7）：781.

［99］ Eggenberger P，MacRae B A，Kemp S，et al. Prediction of core body temperature based on skin temperature，heat flux，and heart rate under different exercise and clothing conditions in the heat in young adult males [J]. Frontiers in Physiology，2018，9：1780.

［100］ Hunt A P，Buller M J，Maley M J，et al. Validity of a noninvasive estimation of deep body temperature when wearing personal protective equipment during exercise and recovery [J]. Military Medical Research，2019，6（1）：1-11.

［101］ Mazgaoker S，Ketko I，Yanovich R，et al. Measuring core body temperature with a non-invasive sensor [J]. Journal of Thermal Biology，2017，66：17-20.

［102］ Seo Y，DiLeo T，Powell J B，et al. Comparison of estimated core body temperature measured with the BioHarness and rectal temperature under several heat stress conditions [J]. Journal of Occupational and Environmental Hygiene，2016，13（8）：612-620.

［103］ Welles A P，Xu X，Santee W R，et al. Estimation of core body temperature from skin temperature，heat flux，and heart rate using a Kalman filter [J]. Computers in Biology and Medicine，2018，99：1-6.

［104］ Chen H Y，Chen A，Chen C. Investigation of the impact of infrared sensors on core body temperature monitoring by comparing measurement sites [J]. Sensors，2020，20（10）：2885.

［105］ Geneva：International Organization for Standardization. ISO 9886：2004 Ergonomics-Evaluation of thermal strain by physiological measurements [S]. Switzerland，2004.

[106] Foster J，Lloyd A B，Havenith G. Non-contact infrared assessment of human body temperature：The journal Temperature toolbox [J]. Temperature，2021，8（4）：306-319.

[107] Shan C，Gong S，McOwan P W. Facial expression recognition based on local binary patterns：A comprehensive study [J]. Image and Vision Computing，2009，27（6）：803-816.

[108] 李思宁 . 基于深度学习的面部微表情识别方法研究 [D]. 徐州：中国矿业大学，2020.

[109] 张树斌 . 基于欧拉视频放大算法的微表情识别研究 [D]. 上海：上海师范大学，2018.

[110] 徐峰，张军平 . 人脸微表情识别综述 [J]. 自动化学报，2017，43（3）：333-348.

[111] 吴奇，申寻兵，傅小兰 . 微表情研究及其应用 [J]. 心理科学进展，2010，18（9）：1359-1368.

[112] 贲睍烨，杨明强，张鹏，等 . 微表情自动识别综述 [J]. 计算机辅助设计与图形学学报，2014，26（9）：1385-1395.

[113] 董晓晨 . 微表情识别算法的研究与实现 [D]. 青岛：青岛大学，2019.

[114] 李晟，王大军，肖治术，等 . 红外相机技术在我国野生动物研究与保护中的应用与前景 [J]. 生物多样性，2014，22（06）：685-695.

[115] Swann D E，Hass C C，Dalton D C，et al. Infrared‐triggered cameras for detecting wildlife：an evaluation and review [J]. Wildlife Society Bulletin，2004，32（2）：357-365.

[116] McManus C，Tanure C B，Peripolli V，et al. Infrared thermography in animal production：An overview [J]. Computers and Electronics in Agriculture，2016，123：10-16.

[117] Maia A P A，Oliveira S R M，Moura D J，et al. A decision-tree-based model for evaluating the thermal comfort of horses [J]. Scientia Agricola，2013，70：377-383.

[118] Yanmaz L E，Okumus Z，Dogan E. Instrumentation of thermography and its applications in horses [J]. Journal of Animal and Veterinary Advances，2007，6（7）：858-862.

[119] Soerensen D D，Pedersen L J. Infrared skin temperature measurements for monitoring health in pigs：a review [J]. Acta veterinaria scandinavica，2015，57（1）：1-11.

[120] Zhang Z，Zhang H，Liu T. Study on body temperature detection of pig based on infrared technology：A review [J]. Artificial Intelligence in Agriculture，2019，1：14-26.

展望

计算机视觉、深度学习、前端感知器件等技术的发展，促进了传感方法和非接触式测量的演进。本书主要研究成果和未来发展方向归纳如下：

1. 欧拉放大技术能够有效检测人体皮肤温度从弱热刺激到强热刺激的变化。计算机视觉的算法可以实现兴趣域的提取，提高了检测的准确性，避免了人员活动与背景光源细微变化的影响。

2. 应用人体骨骼关键点模型进行人体热不适/舒适姿态监测，并建立人体热不适/舒适姿态库，采用交叉验证的方法来测试实际的姿态是否与某些热不适相关。该技术可以为暖通空调控制系统提供有效的反馈信号。

3. 基于计算机视觉的非接触感知技术会造成人员隐私的问题。毫米波雷达、PIR 传感器等人员检测技术的发展为解决该问题带来了可能，给建筑装上了"耳朵"。保护隐私的同时，实现了个体热舒适信息的采集。但该技术在建筑领域的应用并不完善，未来还需要开展更多的研究。

本书分析了计算机视觉等领域的相关技术在非接触式热舒适检测方面的应用及发展前景。着眼于未来，低成本、微型化的红外热成像模组将进一步促进人体热舒适非接触式感知方法的发展；针对低质红外热成像模组的反演算法和智能的校正方法是值得研究的方向，该技术将提升非接触式感知方法实际应用的泛化能力；在 RGB 相机的应用方面，算法将只做信息处理，不做保存，并将处理的结果以指令形式传输给中央空调系统，从而有效克服隐私问题。